U0174371

梅酒的基础知识

日本株式会社枻出版社 编

徐 蓉 译

UMESHU

北 京 出 版 集 团
北京美术摄影出版社

● 前言

让你一下就爱上梅酒的

8个关键词

梅酒有着让人在喝下去的瞬间，
在惊讶其独特甜味的同时又为之着迷的力量。
但是单纯享受梅酒带来的乐趣也是一个不错的选择，
如果想要更加了解并喜爱上梅酒的话，
那么就容我带您深入了解梅酒的世界吧。

酒中加入糖和梅子进行腌制，之后只需静待梅子中的浸出物析出至酒中。梅酒可以说是一种非常简单易做的饮品。由于梅酒制作简单，因而选择基酒用的酒就起到了决定性的作用。制作梅酒时多使用烧酒，但即便都是烧酒，不同种类的烧酒也会产生不一样的味道，例如芋烧酒、黑糖烧酒等，都有各自的味道。另外，除了使用日本酒外，还可以选用白兰地作为基酒，最后甚至可以尝试加入一些水果来体验各种不同的味道。

关键词 01

1.

只是基酒的选择竟然会让梅酒如此不同！

2

关键词 02

造酒厂、色泽、基酒……
挑选方法里有诀窍！

梅酒应该怎样挑选比较好？应该注意的地方有5点：造酒厂、色泽、基酒、梅子的品种、选用的糖的种类。想象某瓶梅酒的味道的时候，7分基酒的味道，再加上梅子的味道补足，以此来想象整个梅酒的味道。拿烧酒来说，用香气浓郁的烧酒的味道，配上梅子的酸味来加以想象。这样的话，挑选梅酒的时候就没什么好犹豫的了！

3

关键词 03

了解产地以后更发觉梅酒的世界的广阔

现在在日本，梅子的品种大约有300种以上，其中在日本全国各地以收获果实为目的被栽培的品种大约有100种以上。制作梅酒时经常会使用到的是南高梅，它除了有着强烈的香气，果实在各种梅子中也属于顶级。此外还有白加贺、丰后、古城等，根据品种的不同，香气和味道也各不相同。当了解到梅的品种和产地之后，你会发觉梅酒的世界比你想象的还要广阔！

决定味道的关键在于糖！

梅子、酒、糖，这3个要素组成了梅酒。其中决定味道的关键就是糖。制作梅酒时一般使用的是冰糖。冰糖自身没有特殊的味道，不会影响梅酒整体的味道。相反，使用黑糖等具有独特味道的糖类制作出来的梅酒有着强烈的个性，尝试过一次以后便会让喜欢这种味道的人深深地爱上它。以糖的种类为着眼点来品尝不同的梅酒，也许会有一些意想不到的发现。

4

UMESHU

品尝自己制作、培育出来的味道，感受自己亲手制作过程中的乐趣可以说是梅酒独有的妙处。完全不用担心工序复杂或者是制作失败，只要掌握了其中的诀窍，谁都可以轻松地制作出好喝的梅酒，而且自己用心做出来的梅酒会让人觉得格外的美味！等到制作熟练以后，还可以在梅子的品种、基酒的种类、糖的选择这3个要素上进行不同的尝试，从而制作出只属于自己的"究极梅酒"。

一旦掌握了诀窍，自制梅酒也可以如此美味

5

让你一下就爱上梅酒的
8 个关键词

基酒/挑选方法/
产地/梅/
自制梅酒/下酒菜/
小知识/日常生活

6

I 关键词 I 06 I

教你几种
适合梅酒的
下酒菜

谁都可以轻松饮用的人气酒类，那就数梅酒了。虽然单独品尝梅酒的味道也是一个不错的选择，但是有时候还会想选择一些适合梅酒的下酒菜，享受片刻奢侈时光。虽然我们很少会刻意挑选下酒菜，但是其实梅酒和日本酒以及红酒一样，也是有一些适合搭配的下酒菜的。那么让我们试着用梅酒来制作一些腌制的下酒菜，开一场梅酒派对如何？

I 关键词 I 07 I

美酒配佳肴，再来一点
梅酒的 小知识

预先知道一些梅酒的小知识，会使梅酒更加美味，也会让你更爱梅酒！梅子为什么会被叫作"UME"呢？南高梅的起源在哪里呢？梅酒的保质期是多久呢？真的有"梅酒日"吗？这些答案在本书中都会找到！偶尔以这种小知识当作下酒菜，来一杯也很不错，不是吗？

8

I 关键词 I 08 I

将梅酒融入到
日常生活中吧！

基酒的知识、梅子产地的知识、挑选方法的诀窍、梅酒的制作方法、适合梅酒的下酒菜……既然已经了解了这么多关于梅酒的事情，那么尝试着将梅酒融入到日常生活中去怎么样？融入了梅酒的日常生活，会比原来要更加优雅，内心也会更加的丰富哦！快点来开始尝试梅酒生活吧！

7

目录

※本书插图系原文插图。
※书中涉及的餐厅地址、电话、营业时间等为编者截稿时的信息，实时信息请另行查询核实。

基础知识

梅酒只需在酒里加入糖和梅子进行腌制，之后静待梅子中的浸出物析出至酒中，梅酒可以说是一种非常简单易做的饮品。正因为梅酒制作起来非常简单，所以制作过程稍有不同，最终成品的味道就会有很大的差别。而在了解了这个既简单又深奥的梅酒世界后，你就可以更好地品尝杯中梅酒的美味。

梅酒的

❀ 想最先知道的

了解得
越多
梅酒就会
越好喝

梅酒的种类

只是作为基酒的酒不同
所产生的味道竟然会如此天差地别！

一心寻求多样化的道路
享受梅酒的世界

说到梅酒的材料，大概就会想到烧酒、冰糖，以及梅子吧。其实，从数年前梅酒开始流行起来直至今天，在选用的材料上各种人都进行了不同的尝试，有的遵循传统，有的力求创新，于是便有了现在市面上品种丰富的梅酒。另外，现在即使相隔万里，我们也可以通过网上购物，轻松买到自己喜欢的梅酒。

以作为基酒用的酒来对梅酒进行分类，是一种比较简单易懂的分类方法。虽然大部分基酒会选用烧酒（甲类烧酒，使用

Base.1
本格烧酒 基酒

烧酒大致可以分为甲类烧酒和本格烧酒（乙类烧酒）。其中本格烧酒是用单式蒸馏机进行蒸馏的酒，以大米、小麦、番薯、黑糖、荞麦、栗子、泡盛（蒸馏酒的一种）等为代表。因为烧酒个性清晰鲜明，所以在制作梅酒的时候特点也十分突出。

七折小梅梅酒

使用了酸味控制得恰到好处、芳香扑鼻、有着"青色钻石"的美名的爱媛县砥部町产的七折小梅。（→P048）

本格烧酒 基酒

东一本格梅酒
Naturale

使用本格米烧酒作基酒。味道沉稳且回味悠长，可以很好地衬托出料理的美味。（→P051）

连续蒸馏法的烧酒），但是使用芋烧酒或者黑糖烧酒等不同基酒的梅酒也在增加中。此外，还有使用日本酒、白兰地、威士忌、味淋（日式甜料酒）作基酒的梅酒。甚至还出现了混合水果、绿茶、红茶等富含个性的流派。由此可见，在以后的日子里，梅酒的世界会越来越广阔。

Base.2
日本酒 基酒

近年，以这种日本酒作基酒的梅酒开始逐渐增加。与烧酒等酒类制作的梅酒相比，其主要特征是香气更加华贵且口感更加温和。不少酒厂都会直接制作。因为日本酒基酒容易入口，所以十分推荐女性选择尝试。

小左卫门
纯米梅酒

使用了稀有的高级红南高梅的礼品级梅酒。拥有甜味控制得恰到好处，且十分有品位的味道。
（→P086）

本格烧酒 基酒
贵匠藏梅酒

以黑曲霉酿造的本格芋烧酒为基酒，加上九州产的莺宿梅、冰糖、蜂蜜泡制。（→P049）

Base.3
酿造酒 基酒

所谓的酿造酒是指借着酵母作用，将含有淀粉和糖质原料的物质进行发酵、蒸馏所产生出来的酒，日本酒等酒类也包含其中。因为是非常纯净的酒，所以可以很直接地感受到梅子的味道。

强罗花坛特选梅酒

位于箱根的高级旅馆"强罗花坛"料亭作为餐前酒所推出的特制梅酒，有着令人惊讶的芳香和醇厚的口感。（→P072）

Base.4
白兰地 基酒

如果想体验成熟的味道，那么白兰地基酒会是一个不错的选择。白兰地那充满了浪漫气息的芳香，再配上梅子的酸味，组成了味道与众不同的梅酒。其浓厚的色泽映照在专用的岩石玻璃杯上，顿时增添了几分成熟的气息。

龙峡梅酒

上好品质的白兰地，带来了深层次的味道。辛辣的口感是其特征。（→P061）

Base.6
味 淋 基酒

因为说到味淋就会使人想到做料理时使用的调味料，所以很多人大概没有意识到它其实也是一种酒。但是味淋的的确确是一种酒。因为它本身就具有一定的甜度，所以在制作梅酒的过程中不需要加入过多的糖分，并且味道柔和。

福来纯
梅美淋

白扇造酒所出品的福来纯，只使用3年发酵的本味淋，并选用和歌山县产的南高梅浸泡而成，是一种高级梅酒。（→P077）

Base.5
威 士 忌 基酒

威士忌是以大麦或者玉米等谷物为原料的蒸馏酒。以其独特的芳香所浸泡出来的梅酒，深受部分人群的喜爱。一个人静静地将其注入杯中，尽情享受它甜蜜又有几分妖艳的味道所带来的片刻美好时光。

白玉威士忌
梅酒

由醇香的威士忌配上德岛产青梅制作而成，是兼具了梅酒的果味和全新感觉的梅酒。（→P063）

Base.7
个性派

最近出现了越来越多极具个性的梅酒，例如，加入了红茶的梅酒，或者是加入了水果风味的梅酒，以及使用啤酒作为基酒的梅酒等，总之种类繁多。逐个尝试并进行比较，也是一种不错的乐趣。

Parfait
黑加仑梅酒

入口时水果的香味会一下子在口腔中扩散开来，属于黑加仑梅酒。丹宁带来的涩味让人想起红葡萄酒。（→P093）

Base.8
白干儿 基酒

在日本将甲类烧酒称为白干儿（也表示日本以外所有白色蒸馏酒）。由于是连续蒸馏制作出来的酒，所以酒精浓度很高。用它作为基酒能够最大限度地发挥出梅子自身的味道，从而制作出具有梅酒自身特色的饮品。

大川木下62番

这款梅酒由青梅的梅酒制作名人大川HANA老师全力制作。这款酒拥有着浓厚的香气以及独特又复杂的味道。（→P070）

个性派
木内梅酒

这款酒有着啤酒花的清爽香气以及淡淡的甜味，而且酸度也恰到好处。这款是以啤酒为基酒的梅酒。（→P079）

个性派
阿波罗
血橙梅酒

加入了成熟的意大利产血橙果汁的果味梅酒。（→P089）

第一节

第2节

第3节

第4节

第5节

第6节

梅酒的挑选方法

要从挑选基酒开始！
想挑选自己喜爱的梅酒

最近3~4年
梅酒的种类一直在增加

　　"对于日本人来说，梅酒的味道代表了家里外婆的味道，是一种令人怀念又难忘的味道，因此梅酒成了绝大部分日本人都可以轻松接受的一种酒。一个人如果无法习惯饮用威士忌或者日本酒，就很难分辨其好坏。但是如果是梅酒的话，即便是第一次饮用，也可以轻松地感受出它的优劣，可以说是一种让每个人都可以成为自己的品酒专家的酒。"

　　这番话出自林宪一郎先生之口，他是西麻布的酒屋"长野屋"的董事长，并且也是"梅酒大师JAPAN"的成员之一。梅酒大师JAPAN成立于2006年6月，是一个由全日本9间精通梅酒的酒屋老板组成的联合组织，主要进行梅酒的开发和信息交流等，并组织普及和推行梅酒的活动。林先生不仅在长野屋进行着梅酒的收集和销售，还积极参加在一些饮食店进行的关于梅酒的讲习会。

　　梅酒并不像其他的酒那样价格昂贵，这里作者向林先生请教了一些关于如何挑选自己喜爱的梅酒的方法。

简介

**长野屋
林宪一郎先生**

在西麻布拥有一家酒店，是长野屋的董事长。梅酒大师JAPAN的一员。不但与制酒厂一同开发梅酒，还会制作饮食店的菜单进行梅酒推广等，十分活跃

> 更加尽情地享受梅酒吧！

"在这3~4年的时间里，出现了不少美味的梅酒。虽然梅酒的种类繁多，但是选择想喝的梅酒的时候，我推荐先从梅酒的基酒入手。预想一款梅酒的味道时，7分为基酒的味道，之后再加上梅子的味道加以补足。如果是麦烧酒的话，可以想象在香醇的烧酒味道里加上梅子的酸味。芋烧酒的话，则可以想象在甜味柔和的芋烧酒中增添了几分梅子的酸味。这样先想象再挑选，就是挑选适合自己的梅酒的方法。"

第一节

第2节

第3节

第4节

第5节

第6节

左：每种梅酒都附有说明，所以挑选起来十分方便
右：店内备有60~70种梅酒。因为店内提供试喝，所以你可以尝试不同的梅酒，找到1瓶真正属于自己的梅酒

长野屋

🏠 东京都港区西麻布2-11-7
📞 03-3400-4605
🕐 10:30~21:00
🚫 周日、节日

提要！

选择梅酒，这些是关键！

1 制酒厂

在日本国内，不论是制造日本酒、烧酒的制酒作坊，还是制造红酒、威士忌的酿酒厂，哪怕是著名的酒厂，或多或少都有在制造梅酒。

2 色泽

梅酒色泽的深浅和味道几乎成正比。颜色深的味道就浓厚，颜色浅的味道就清爽，所以在挑选的时候要仔细观察梅酒的颜色。

3 基酒

梅酒的味道主要取决于它的基酒。烧酒（芋、麦、米、黑糖）、日本酒、泡盛、白兰地、威士忌、朗姆酒等，不同的基酒带来不同的味道。

4 梅子的品种

虽然梅酒中的梅子主要使用南高、白加贺、古城，不过此外还有300种以上其他品种的梅子。青梅的味道会比较酸，李子的味道则会比较柔和，并且带有像杏子一样的香气。

5 糖

梅酒的味道有三成由使用的糖来决定。一般家庭制作梅酒的时候，会选用冰糖。然后具体加入的糖的多少，也会对梅酒的味道产生不同的影响。

best 01

秘藏梅酒

窖藏7年以上使其长期发酵的梅酒。其特征是回味悠长，有着仿佛在舌尖融化的浓厚味道。

月濑梅原酒

使用本格麦烧酒和清澈的井水制作而成的梅酒的原酒。可以尽情享受它极其浓厚的味道。

best 02

林先生
非常自信的推荐

绝品梅酒
BEST10

在长野屋搜罗了 60 种以上林先生试喝以后觉得"好喝"的梅酒。下面从中严选了 10 瓶着重介绍。

best 04

UMESENNIN
香蕉梅酒

瓶底充满了香蕉的果肉，光是看便觉得十分美味的一瓶酒。味道甘甜且充满了香蕉的香味。

best 05

UMESENNIN
柑橘梅酒

大量使用了高级柑橘"久岛柑橘"的梅酒。用香槟以1：1的比例稀释饮用也十分美味。

best 03

麒麟山梅酒

以麒麟山酒厂的淡丽辛口日本酒为基酒（麒麟淡丽为酒名）。是梅酒大师从200种以上的梅酒中挑选出来的1瓶优选梅酒。

06

文藏梅酒

这款梅酒可以说是梅酒热潮的中流砥柱。使用了文藏米烧酒原酒和熊本产的梅子，采用了3年腌制的传统制法。是一款令人陶醉的梅酒。

第 一 节

第 2 节

第 3 节

第 4 节

第 5 节

第 6 节

07

山田十郎

加入了海老名产的山田锦的大吟酿，历时2年发酵。是出产日本酒十分有名的酒厂制作的梅酒。

10

08

蜜柑榨汁酒

曾经获得第3届天满天神梅酒大会季军。使用了柳川立花伯爵家农场"橘香园"的温州蜜柑。

CREHA ROYAL 德之岛盐渍焦糖

使用德之岛直接用火烘烤的黑糖制作，超越了一般概念的超级个性派梅酒。并且加入了佐贺唐津海盐。

09

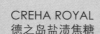

惠比寿梅酒

梅酒的巨匠"金铜爷大师"将王隐堂农园的青梅腌制20年以上而后制成的梅酒。被评为百年不遇的极品。

提要！

林先生推荐的品酒小方法

可以尝试在梅酒中加入稍微捣烂的草莓或者橘子等水果，再兑入苏打水饮用。水果中的糖分会更加衬托出梅子的味道。而且由于加入了水果，酒精浓度也会相应地降低，这样即便是不擅长饮酒的人也可以安心饮用了。

梅的品种和产地

日本全国栽培的梅竟然有这么多品种！

自梅传到日本至今已有15个世纪 而现在品种已经超过了300种

在6—7世纪时，梅从中国传到了日本。从那以后，梅和樱花一起成了日本人心中无法割舍的存在。在梅刚传到日本的时候，据说只有花瓣洁白的"白梅"这一种，之后到了江户时代（1603—1868年）开始盛行品种改良，到了现在竟有300种以上的梅了。而这些不同品种的梅主要分为野梅系、红梅

长野县 ❀ Nagano

代表品种　绿宝、生田梅、丰后、龙峡小梅

以松川町生田特产的生田梅为代表，长野县栽培着众多品种。这里不只是梅酒，梅干也十分有名

青森县 ❀ Aomori

代表品种
丰后

自古以来便作为丰后的产地而闻名。在南部培育出来的八助梅其实是杏而非梅

福井县 ❀ Fukui

代表品种
红映、剑先

红映和剑先的产量都是全日本第一。特别是剑先适合制作梅酒这件事现已广为人知

群马县 ❀ Gunma

代表品种　梅乡、白加贺、大栗小梅、织姬

拥有着全日本第2的梅产量。其中梅乡、白加贺、大栗小梅、织姬的产量位居全日本第一

和歌山县 ❀ Wakayama

代表品种　南高、小粒南高、古城、改良内田

众所周知的第一梅产地。其中已经确立为拳头品牌的南高是世界级的品种

奈良县 ❀ Nara

代表品种
莺宿、白加贺、林州

拥有作为梅之乡而闻名的吉野。是莺宿产量位居全日本第2的主要生产县

神奈川县 ❀ Kanagawa

代表品种
十郎、梅乡

在小田原大量栽培的十郎有着全日本第一的产量。其品牌化的工作也在推进中

系、丰后系3种系统。其中单是以收获果实为目的的梅有100种以上，由下方地图可以发现，这些梅在日本全国各地都有栽种。特别是纪州（和歌山县）的年产量远远超过了处在第2位的群马县，达到了6万吨以上，占据了全日本产量的大约50%。不仅如此，其中被认为是质量上乘的最高级梅子的数量也十分可观，是为数不多值得日本骄傲的名牌产品。

　　在梅酒中经常被使用到的梅子中最有名的就要数南高梅了。南高梅的香味在梅子中属于最高级别，十分适合拿来制作梅酒。此外还有白加贺、丰后、古城、莺宿等，由于品种的不同，各自在味道和香气上都有所不同，可以说是个性丰富。如果有机会自己在家泡制梅酒的话，建议尝试使用不同品种的梅子，之后比较它们之间味道的差异，这也是制作梅酒的乐趣之一。

第一节

第 2 节

第 3 节

第 4 节

第 5 节

第 6 节

【梅的产地】
MAP

宫城县 ✿ Miyagi

代表品种
花香美、龙峡小梅、藤五郎

宫城县是日本国内第一的花香美产地。与梅相关的名胜也很多

福岛县 ✿ Fukushima

代表品种
高田梅

高田梅的重要产地，并举办与高田梅相关的活动，高田梅可以说是和当地文化密切相关的品种

茨城县 ✿ Ibaraki

代表品种
玉英、高田梅、白加贺

因为拥有在江户时代由德川齐昭所创建的"偕乐园"等梅的名胜而为人们所熟知

福冈县 ✿ Fukuoka

代表品种
玉英、伊那丰后、光阳小梅

光阳小梅的最大特征是被太阳光照到的部分会呈现红色，这里的光阳小梅产量全日本第一

鹿儿岛县 ✿ Kagoshima

代表品种
南高、小粒南高

在萨摩町栽培的南高梅已经以萨摩西乡梅的名字品牌化，这里是今后值得注意的梅产地

提要！ /

梅子的年产量排行榜

第1名 和歌山……61600 kg	第6名 福井………2560 kg	第11名 鹿儿岛……1630 kg
第2名 群马………8380 kg	第7名 青森………2170 kg	第12名 宫城………1570 kg
第3名 奈良………2970 kg	第8名 福冈………2010 kg	第13名 茨城………1570 kg
第4名 长野………2760 kg	第9名 福岛………1890 kg	
第5名 山梨………2570 kg	第10名 神奈川……1720 kg	※农林水产部门调查结果

【具有代表性的梅的品种】

南高梅果大核小肉厚。因为果肉肉质柔软，所以易于加工

人气和风味都是NO.1
梅的最高级品种

南高梅
Nanko Ume

南高梅是主要生产于和歌山县的白梅。2006年被认证为地方品牌，其品牌价值得到了确立。虽然经常被叫作"NANKOUBAI"，但是正式名称应该是"NANKOUUME"

在和歌山县内的南部町有着日本最大的梅林，不愧为梅的发祥地

青翠美丽的绿色

古城　Gojiro

是有着绿钻石的美誉，且十分适合制作梅酒的品种。果实紧致，果肉里充盈着果汁

德川时代开始便被人们所爱的梅

白加贺　Shirakaga

日本全国都有栽培，栽种面积日本第一的梅。果皮呈现淡绿色，可以制作出高品质梅酒

提要！ /

其他梅子品种

梅子中只以收获其果实为目的而培育的品种就有超过100种。不只是那些有名的品种，还有很多相对而言比较小众的品种，这些加在一起让梅酒的世界更加宽广起来。这里将会介绍一部分小众品种的梅子。

小向

充满气质的香味、花形、颜色等，各个方面都属于上品的梅。果实为椭圆形

甲州最小

拥有丰后梅特有的小体积果实。用其制作出来的梅酒有着绝佳的酸味

压倒性的巨大果实

高田梅 Takada Ume

每颗高田梅重约40g~60g，是日本最大级别的梅子。据说大的高田梅甚至可以达到100g一颗

有着悠久历史的品种

藤五郎 Togoro

江户时代末期便开始在集市上贩卖，有着悠久历史的品种。在战争年代，会被用作制作军队的保存食品

日本梅流通的最后一棒选手

丰后 Bungo

即使是气候寒冷的地方也可以栽培，所以在日本东北地区被广泛种植。是日本国内最后成熟的品种

享受爽脆的口感

莺宿 Oushuku

较硬的果肉带来了爽脆的口感，当然还少不了多汁。除了可以泡制梅酒，还可以制作成同样十分美味的脆腌梅

产量稳定的国民性品种

玉英 Gyokuei

制作梅酒、梅干时经常会使用的品种。是果实产量稳定，果肉厚实的优良品种，具有很高的知名度

梅如其名，让人联想到剑尖

剑先 Kensaki

之所以会叫剑先，是因为果实的顶端部分特别的尖，看起来像是剑尖。色泽较轻，特别适合泡制梅酒或制作果酱

织姬

美丽娇小的单瓣花。虽然果实不大，但是果汁丰富

梅乡

原产于东京都的青梅市，是香气强烈的品种。因为果实较大，所以十分适合制作梅酒

持田白

和梅乡一样，原产于青梅市。因为果皮的颜色较浅，所以比起泡制梅酒更适合制成梅干

糖之基础

糖的味道
对梅酒有着极大的影响

决定味道的关键
在糖上！

制作梅酒所使用的材料只有梅子、酒、糖3种，正因为使用的材料极少，所以材料自身的味道对最终成品的影响是极大的。其中对味道影响最大的就是糖了。梅子的酸味是强还是弱，梅香是重还是淡，这些都会很明显地表现出来，而酒的种类也会对梅酒的风味造成影响。但是尽管这些差别造成制作出来的梅酒各有不同，也无法完全符合每个人的喜好，却都不至于无法入口。糖则不同，对于制作

冰 糖

大部分梅酒都会使用冰糖来制作。在溶化的过程中，味道逐渐变得柔和是其特征

【制作梅酒会使用到的糖】

绵 白 糖

有着高精制白糖独有的湿润感，可以给梅酒带来稍许醇厚的口感

梅酒来说，糖担任着非常重要的角色，它可以让一瓶梅酒好喝，也可以让一瓶梅酒变得难以下咽，这可能会让人感到意外，不过对梅酒来说，糖的选择至关重要。

　　制作梅酒时，最常用的就是冰糖。主要原因是冰糖作为精制糖只有甜味，自身并没有其他味道，这种毫无个性的味道便是它的优点，因此也不会影响到梅酒的风味。另外，冰糖是逐渐溶化在酒中的，这种渗透压逐渐上升的浸泡方式使得制作失败的风险降低了许多。使用黑糖等其他糖制作的梅酒具有比较强烈的个性，因此一旦喜欢上大概就再也离不开了吧。最好各种口味都尝试一下，这样才能知道真正属于自己的味道。

糖的用量对味道的影响

梅子和酒的用量	糖的用量	大概甜度
对应 梅子1 kg 烧酒1.8 L	1 kg以上	超甜
	800 g~1 kg	甜
	600 g~ 800 g	标准甜度
	400 g~ 600 g	酸
	200 g~ 400 g	超酸

第一节

第 2 节

第 3 节

第 4 节

第 5 节

第 6 节

粗 砂 糖

介于冰糖和绵白糖之间，比冰糖溶化快，使用起来比绵白糖容易上手

黑 糖

使用了黑糖的梅酒，在香味上会更有冲击力，且味道会更加浓醇。可以尝试一下

砂 糖

使用高纯度的砂糖可以制作出清爽的梅酒。因为易于溶解，所以定期晃动瓶身会比较好

提要！

加入糖以后，梅酒到底产生了怎样的变化？

在浸泡梅酒的容器中，糖到底产生了怎样的影响呢？梅酒会变甜这一点肯定是有的，另外随着液体中糖度的升高，对梅子的渗透压也会逐渐增加。只是酒的话是很难将果肉中的浸出物都榨出来的，但是因为加入了糖，这一切就会变得容易起来了。这是糖的作用。

7种酒和18种糖进行两两组合，竟然有126种不同的组合！因为糖中含有大量糖蜜，所以会根据精制程度的顺序进行排序

【关于糖和酒的适合程度问题进行彻底的实验！】

基酒和糖之间也存在着适合不适合！

创立于昭和十年（1935年）的砂糖批发老店"鸿商店"。在这里，收集了80种以上的糖，下面我们请到了糖方面的专家篠田充德先生

有了全新的发现！

简介

指点迷津的人
篠田充德先生

鸿商店的董事。在店里主要负责收集各种制糖厂生产和开发的自有品牌的糖

【实验结果】

喜界岛产纯黑糖粉

因为黑糖中糖蜜含量比较高，所以异味大，和酒的适合程度低。不过威士忌是一个例外，加在一起可以产生味道独特的酒

【适合的酒】
❺

手工黑糖粉

混合了生糖的黑糖。和喜界岛产纯黑糖粉的结果一样，除了威士忌，其他的酒都不适合

【适合的酒】
❺

澳大利亚产粗糖

和黑糖的结果一样。其中含有的大量糖蜜会使威士忌中强烈刺激的酒变得柔和起来

【适合的酒】
❺

生糖

将甘蔗榨汁以后得到的原液进行熬煮后所得到的糖。虽然适合做菜，但是不适合加入到酒中

【适合的酒】
—

极细砂糖

据说细砂糖十分适合用于果酒。将其混入到朗姆酒中，会发现味道变得清爽起来

【适合的酒】
❼

特大砂糖

大颗粒的结晶糖。和士忌以外的酒都很配。威士忌的酒味很重

【适合的酒】
❶❷❸❹❻❼

老冰糖

高纯度的粗粒砂糖。除了威士忌以外的酒都很适合。将其加入以后，酒味会变得清爽

【适合的酒】
❶❷❸❹❻❼

粗糖

结晶糖中含有部分糖蜜的粗糖，加入酒中饮用，酒在舌尖的口感会变得更加顺滑

【适合的酒】
❶❷❸❹❼

进行协助，下面会进行一系列关于梅酒中的糖与基酒的相配程度的实验，从而了解为何糖才是梅酒的关键。

实验使用了制作梅酒时会使用到的7种基酒，以及鸿商店收集的18种糖，实验中会将基酒与糖以1：1的比例进行两两混合后再品鉴味道。没想到竟然会有126种不同的组合！一旦了解糖与基酒之间的适合程度，就更能够制作出符合自己喜好的梅酒了。

鸿商店
🏠 大阪府大阪市生野区林寺1-4-12
📞 06-6716-1219
🕙 10:00~18:00
休 周日、节日

第一节

第2节

第3节

第4节

第5节

第6节

这些就是使用到的酒！

① 白干儿

② 甲类烧酒

③ 本格烧酒

④ 泡盛

⑤ 威士忌

⑥ 白兰地

⑦ 朗姆酒

准备了7种制作梅酒时会作为基酒使用的酒。将酒与糖以1：1的比例进行两两混合。因为白兰地是以葡萄为原料的酒，甜度较高，所以酒和糖的比例改为2：1进行混合。为了让品鉴时更贴近梅酒的感觉，在实验品中添加了柑橘系的果汁以增添香味。

萨南二温糖

一种以甘蔗为原料的糖。与泡盛混合会产生柔和的口感

【适合的酒】
④

春雪糖

结晶糖和黑砂糖混合而成的糖。和萨南二温糖一样适合泡盛和烧酒搭配也不错

【适合的酒】
②③④

三温糖

和什么搭配的效果都很差。过于甜腻的口感会残留在舌尖，制作梅酒时最好不要选用

【适合的酒】
—

白砂糖

处于三温糖和绵白糖之间的一种糖。因为味道适中，所以不论加入到哪一种酒中，都可以使酒变得好喝

【适合的酒】
①②③④⑤⑥⑦

绵白糖

和白砂糖的效果一样。没有异味的高精度糖，不会破坏酒中果肉的口感，味道清爽

【适合的酒】
①②③④⑤⑥⑦

琉球黄糖

加入了黑砂糖的粗糖。特别适合加入到白兰地和威士忌中，饮用之后会有不错的回味

【适合的酒】
①②③④⑤⑥⑦

鸿中粗糖

大块结晶的中粗糖。特别适合朗姆酒、白干儿、白兰地，会产生十分浓醇的味道

【适合的酒】
①②③④⑥⑦

糖霜

高纯度的砂糖。和老冰糖的效果一样，适合威士忌以外的酒。可以用冰糖代替

【适合的酒】
①②③④⑥⑦

糖粉

粉末状，特别易于溶化的糖。和老冰糖以及糖霜的效果相同。也可以使用冰糖代替

【适合的酒】
①②③④⑥⑦

单晶冰糖

结晶度最高的糖。如果使用这种糖，酒的味道会显得格外考究。容易掌握平衡，首选推荐

【适合的酒】
①②③④⑤⑥⑦

家庭自制梅酒的小贴士

梅酒可以在家自己泡制果然这点也是它的魅力之一

梅酒大师精选的

基酒10瓶

可以同时体验制作乐趣和美味的家庭自制

虽然直接购买商店里贩售的梅酒也是一种不错的选择，但是如果可以自己动手制作的话，那将会是更大的乐趣。梅酒制作起来十分简单，购入必需的材料，之后只需抱着轻松的心情等待完成的那一刻就可以了，请务必试着挑战一下吧。

挑选各地生产的新鲜梅子，使用各种不同的品种进行尝试，之后再进行比较，这也是自己制作梅酒才能拥有的乐趣。不过，要说最大的乐趣，可能

> 正因为是自己亲手制作，才更想要使用好酒

朗姆酒
La Favorite

马提尼克岛的黑朗姆。制作出来的梅酒可以感受到原本酒桶带有的香草的香味。可以尝试和白朗姆进行比较。

麦烧酒
金宫烧酒

会在鸡尾酒中使用到的无臭无味的烧酒。它可以更好地衬托出梅子自身的味道，并且淡化梅子本身的酸味。

威士忌
长野屋PB
CAOLILA 95

使用了圣地艾莱岛产的麦芽。略带咸味的口感使得梅子的味道更加突出。属于梅酒内行的味道。

白兰地
CORDON BLEU

虽然使用便宜的白兰地泡制出来的梅酒已经足够美味了，但是使用真正上等白兰地制作出的梅酒绝对是不一样的。奢侈的极致。

还要数可以自由选择使用的酒类品种吧。如果拿出平日夜晚小酌时常喝的酒来泡制一瓶梅酒的话，之后究竟会变成怎样的味道，光是想这一点，不就让人内心激动、满怀期待吗！

梅子、酒、糖，仅仅是这三者组合到一起所创造出来的梅酒的世界却是无限的宽广。虽说梅酒制作起来十分简单，但是也有不少应该事先知道的知识。从梅子的挑选方法，到储存的容器，以及保存的方法，这里会介绍可以让你更加享受其中的小贴士。一般来说，从开始泡制到完成，制作梅酒需要大约一年的时间，所以如果在之后才发现"啊，那时候要是这么做就好了"的话，就已经来不及了。

泡制的基本方法请至本书的146页。

芋烧酒

丸西红芋浊酒

无过滤的芋烧酒。因为使用了紫薯，所以会有着像紫花地丁一样的华丽香气，以及细腻的味道。

麦烧酒

锅巴

使用了烘烤过的小麦来制作，带有一些煳味的麦烧酒。煳味可以增加梅酒的香味。

芋烧酒

种子岛兵卫

在种子岛酿制的无过滤芋烧酒。可以制作出味道厚重强烈的梅酒。

泡盛

于茂登

使用直火式蒸馏机制作的带有大海的味道的泡盛。可以制作出令人想在海边小酌的梅酒。

黑糖烧酒

奄美梦幻

窖藏5年以上的黑糖烧酒。味道和梅子十分搭配，可以制作出上等且味道丰富的梅酒。

芋烧酒

青酒

东京都生产的芋烧酒。可以制作出极具个性的梅酒。如果可以泡制5~6年的话，可以制成十分特别的梅酒。

【家庭自制的】
二个提示

梅子的熟度不同味道也不同

在一个产地，梅子的收获从开始到结束平均时间约为1个月。因此不同时期采摘的梅子的成熟程度也会有所不同，它们的味道也会有很大的区别。一般来说，成熟程度越高的话果香味就会越浓，酸度会下降，甜味则会增强。

硬青梅

如果选用青梅的话，制作出来的梅酒酸味就会比较强，刺激性也会比较大

全熟梅

如果选用了全熟梅的话，制作出来的梅酒会有芬芳的香气，柔和的口感。酸度恰到好处容易入口

要选用多大的梅子比较好呢？

如果想充分享受梅酒的味道，推荐选择尽可能大的梅子。因为梅子越大，其含有的果汁就越多，就能浸泡出更多梅子的浸出物。如果想食用泡过的果肉，那么则要选择比较小的梅子，这样口感才会比较好。只要选择小梅系的品种就没错了。如果选别的品种，则可能挑选到没有成熟的果实。

梅酒试着泡一杯份的迷你

大型容器里倒入数千克的梅子，再加入大量的酒和糖……一说起自己制作梅酒，就不由得会在眼前浮现上述光景。但是那样的话就会有很多关于空间和储存的问题，也无法轻松制作多种不同的梅酒。有时又会想要尝试使用各种不同的基酒，泡制出各种美味的梅酒！这个时候你就可以尝试用一些制作果酱时会使用的容器。每颗梅子配1杯份的酒，加上满满1大勺的糖，

泡制出只有1次晚间小酌的量的梅酒，这样绝对是不一般的享受。当然，百元（日元）店出售的小瓶子也完全OK，因为不会占用太大的空间，所以可以放入冰箱保存，也因此可以使用平时喝剩下的酒，在基酒和糖的用量上进行各种改变，从而一口气泡制数十种不同的梅酒

制作梅酒时，使用怎样的容器最好？

最好选瓶口较大，且具有螺纹可以密封的瓶子。然后为了方便观察瓶中梅酒的状态，最好选透明的玻璃瓶。如要使用1kg的梅子，那么大概需要容积4L左右的容器。可以去杂货店找一找。

只是螺纹式的瓶盖还稍微有点不够，为了安全起见，可以在瓶盖下再加一层保鲜膜

保存梅酒时需要注意的事情

虽然梅酒可以在常温下保存，但是如果被阳光直接照射的话，风味会大幅度下降，因此要尽量避免。此外，如果泡制时使用的基酒

度数较低的话，请尽量储藏在凉爽的地方保存。如果酒精浓度达到20%以上的话，就不需要担心发酵的问题，不过还是要多加注意以防万一。

\提示/ **06**
如何分辨出果实？未熟

在挑选梅子的时候请你小心未熟果实。据说未熟果实具有一定的毒性，即便不是如此，未熟果实对梅酒的味道也有不好的影响。分辨方法是观察果皮上是否出现褶皱。未熟果实在采摘以后经过一段时间，果皮会因为干燥而发生变化。在店内购买梅子的时候一定要仔细挑选！

表面的褶皱不仅影响果实的外观，可能还会影响到健康

\提示/ **07**
糖的用量影响浸出物的析出！

如果要制作梅酒，1 kg梅子和1800 mL烧酒对应约600 g的糖，这样得到的梅酒属于一般的味道。而近几年人们开始追求健康饮食，因此减少糖的用量以降低甜度的梅酒会更有人气，不过因为浸透压的改变，即便是泡制时长相同的梅酒，其中梅子浸出物的量也会有所不同。用糖量减少，则泡制时间就需要延长。

\提示/ **08**
梅子浮起来也没问题吗？

制梅酒的时候，如果发现里面的梅子浮起来难免会感到担心。说不定是坏的梅子？答案是NO。只要过段时间，梅子就会渐渐沉下去了，所以不用担心。

有时候是因为糖分聚集在瓶底，梅子才浮了起来。这种时候只需要轻轻摇晃瓶身，让其中的糖和酒充分混合即可

\提示/ **09**
泡的梅子变得皱巴巴了！

制梅酒一段时间以后，会发现瓶中的梅子变得皱巴巴。这也完全不需要担心。这是一种自然现象，而且浸透压越高这种现象就会越严重。

\提示/ **10**
会不会在不知道的情况下做了违法的事情？

在世界上各个国家都会有自己关于酒的税法。在日本，如果使用酒精浓度低于20%的酒（指大部分日本酒、味淋、啤酒等）来泡制梅酒的话，那么就属于私造酒，是违法行为。这是因为瓶内发生了二次发酵，从而具有了制造出完全不同性质的酒的可能性。

\提示/ **11**
取出梅子以后将梅酒移动至便于倾倒的瓶子里

从瓶中取出梅子的时机根据具体情况会各有不同，但是一般来说，经过大约3个月就差不多可以取出来了。取出梅子以后，可以将梅酒移动到便于倾倒的瓶子里以便日后饮用。

提要！

使用全世界最烈的酒斯皮亚图斯来制作梅酒

酒精浓度高达96%的最烈伏特加，斯皮亚图斯。使用这种酒来制作一般配比的梅酒，由于浸透压会非常的高，梅酒竟然只需1个月就可以制作完成。推荐给没有太多时间的人使用，不过需要注意的是，制作出来的梅酒的酒精浓度会超过40%。

梅酒的小知识大全

搜罗了各种关于梅酒的下酒小知识

01 【梅酒的各种饮用方式】

不单单是梅酒，酒的饮用方式各种各样。其中特别适合梅酒的饮用方式主要有：既不加冰也不兑水，直接感受酒本身的味道的直接饮用式，加入冰块体验冰爽的口感的加冰式，

以及兑水、苏打水等稀释的方式。除此以外，我还想推荐的饮用方式有，在寒冷的冬季往梅酒中兑入热水，利用其温热来温暖身体，在炎热的夏季则可以加入大量冰激凌从

而感受清凉。另外还可以采取兑茶、果汁等，方式多种多样，全凭个人喜好，这也是梅酒的魅力所在。在经过各种尝试之后，发现属于自己的方式吧。

02 【青梅有毒吗？】

似乎自古以来外婆传承下来的知识都显示，"青梅有毒不可以吃"。但是同时又似乎听说过"成熟了的梅子可以吃"。对不对？可能会有人觉得有些奇怪，难以理解，不过这的确是事实。没有成熟的果肉里含有一种叫作苦杏仁甙的成分，会和人体内的酵素产生化学反应，从而生成剧毒的氰酸。另外，不只是果肉，果核里面的果仁（白色部分）也是一样。只不过，据说致死量是成人300颗，儿童100颗，所以普通情况下食用的量并不会引发中毒。

03 【红色的南高梅是高级品？】

为了制作梅酒而购买过梅子的人可能多少都会有这样的

疑问。梅子（特别是南高梅）有的呈现出漂亮的绿色，有的则会有特定的部位带有红色。看到这样的情况，人们大概会普遍认为带有红色是因为它要比纯绿色的成熟一些，可能存放时间比纯绿色的久。其实这种想法可能是不对的。南高梅具有被阳光直接照射的部分会变红的特征（所以只有太阳直接照射的部分会变红），这种变红的南高梅被叫作红

【酒窖制作的极品梅酒】04

南高梅，被认为在味道上具有优势并被珍重。成熟了的梅子会整体变黄，因此请根据梅子的颜色来判断吧。

随着梅酒的人气日渐增加，原本制作日本酒、烧酒的酒窖也开始生产起属于自己品牌的梅酒。其中以使用酿造酒、甲类烧酒（白干儿）等制作梅酒居多，现如今，出现了许多不同味道的梅酒。有的人觉得梅酒属于邪魔外道，但是使用日本酒、本格烧酒等酒作为基酒的梅酒专用它引以为傲的美味与实力征服了绝大部分人。最近又出现了使

【蔷薇和梅之间出人意料的关系】05

用纯大米大吟酿酒的梅酒，以及使用芋、米、黑糖等不同酒类制作的梅酒，种类十分丰富，甚至有很多适合作为礼品的梅酒。

从植物学的角度看，梅属于蔷薇科 / 樱亚科 / 樱属 / 李亚属。梅与李的关系多少能

够想象得出来，但是竟然和樱还有关系，而且老大竟然是蔷薇，相信很多人知道的时候都会吓一跳吧。

【日本关东第一的梅之乡】06

李亚属中还包含了李和杏，特别是杏，在花期时覆盖地域非常广，因此自然界的杂交情况也很多，造成很多梅都带有杏的遗传因子。要说其中具有代表性的品种，丰后是接近杏比较多的杂交品种，而南高、白加贺则是接近梅比较多的杂交品种。

提到梅，日本人自然而然就会想到梅产量日本第一的和歌山县，其实东京的青梅市也有被称作梅之乡的地方。特别是从 JR 青梅线日向和田站到二俣尾站为止的多摩川南部，有一块由

东至西 4 km 的广阔地域，那便是被称作"吉野梅乡"的有名的梅名胜风景地。在这里，街道两旁的行道树是梅，公园里的树也都是梅，种植梅子的农家也很多，总而言之到处都是梅。作为这里招牌的树有"镰仓梅"，以及被东京都指定为天然纪念物的"金刚寺的青梅"（距离吉野梅乡约 3 km）等，有不少值得一看的梅。

【南高梅的起源】 07

听到"南高梅"这个词，很容易联想到在和歌山县那个叫作南高的地方，但是作者试着去查找以后发现

并没有这样的地名。其实这里的"南高"这个名字，是因为原本在调查木材高田梅以及其他品种的时候，和歌山县立南部高中的园艺科的学生们努力的结果。那已经是发生在昭和二十年代（1945—1955 年）的事情了。顺便一提，起名的是当时园艺科的教师竹中胜太郎先生。

【梅酒和饺子、比萨搭吗！？】 08

在本书 P135 中登场的梅酒达人河原崎先生对此颇有研究，不单是梅酒，关于酒类与食物之间的搭配程度是

他每天都在研究的课题。梅酒经常会在餐前或者餐后饮用，据说"梅酒的甜味会抑制辛辣等刺激性的味道，而酸味又特别适合油脂高的食物。其成熟感与香料类的味道也十分搭配"。河原崎先生的推荐选择是，"日本酒梅酒 × 饺子"和"白兰地梅酒 × 比萨"的组合。虽然两者都让人有些意外，但是是指"合适到令人惊讶"的意外。有机会请一定要尝试一下。

【梅酒的保质期？】 09

梅酒的瓶身上虽然会标注制造的年月，但是大部分都不会标明保质期。其实含酒饮料大部分都是这样。基本上含有的酒成分越多，其会发生变质的可能性就越低。

可是，梅酒毕竟属于食品，而且被阳光直接照射味道还会变差，如果保存不当甚至还有可能会发霉。不过这个世界上也有存放 50 年以上的梅酒，实在令人惊叹。

【南高梅的产地南部町的区公所里有『梅课』部门】 10

作为南高梅的一大产地而被人们所熟知的和歌山县的南部町。可能正因为这里是占据全日本梅产量 1/4 的地方，竟然可以在区公

第一节

第2节

第3节

第4节

第5节

第6节

所里发现一个不常见的部门，这个部门的名字就叫作"梅课"。这是一个创立于1973年的部门，由5位职员维系着"梅21研究中心"以及梅振兴馆的运营工作，边进行着关于梅的研究、振兴、宣传等活动。近几年，开始盛行起地方部门对当地的特产品进行注册和宣传的活动，而这个梅课可以说是它们中的老字号，是全日本极具代表性的部门了。

【梅的来历】 11

可能很多人都会有这样的疑问，为什么梅会被读作"UME"呢？这是因为有一种利用梅子未成熟的果实熏制的中药"乌梅"（中国的读法"wumei"，流传到日本就读成了"UMEI"）变化之后逐渐形成了

"UME"的读法。将乌梅煎制以后饮用汤汁会有开胃消食的效果。大家都知道梅本身是原产于中国的，它之所以会流传到日本，据说要追溯到6世纪由中国来传教的僧侣，不过也有7世纪由遣唐使从中国带回来等不同的说法。

提要！/

高村光太郎和梅酒

《梅酒》

死了的智惠子做的装在瓶里的梅酒，
因十年之重而浑浊着黏稠着含着光，
如今在琥珀杯中凝成玉的样子。
一个人在早春的夜深天寒时候，
想着那个说"请喝吧"，将这酒留在身后撒手而去的人。
想她被自己的头脑就要坏掉的不安而威胁，
为那一刻就要到来而悲哀，智惠子于是开始整理身边的东西。
七年的疯狂死了完结了。
在厨房里找到的这梅酒的散着芬芳的甜，
我静静地静静地品味着。
狂风骇浪的世界的吼叫也不能侵犯这一瞬。
当正视一个悲哀的生命的时候，
世界也只能远远地静观。夜风也已绝。

出自高村光太郎著《智惠子抄》

这首诗是高村光太郎在失去妻子约10年后，悲伤的情绪有所平复时所写下的。他不经意间在厨房的一角发现了智惠子生前所泡制的梅酒，一边品味一边思念着已经逝去的智惠子。其中所感受的芳香是经过岁月沉淀的味道。即便外面的世界并不平静，也不想被打扰静静品尝这梅酒的片刻时光。这是一首表达出了对智惠子的强烈怀念与爱情的名诗。

【梅酒湿布是什么？】 12

梅酒湿布，这个词乍一看有点摸不着头脑，但是其实就是如字面所说的东西，是一种由梅酒和纱布制作而成的湿布。做法很简单，只是将纱布浸泡于无糖制作的梅酒中。在咳嗽或者嗓子不舒服的时候敷在喉咙上，又或者是敷在烫伤以及皮肤粗糙的部位，可以起到减轻症状的效果。梅子加上酒，带来了双重的杀菌效果。可以在制作梅酒的时候，利用多出来的梅子和酒用小瓶制作备用。

【据说还有梅酒日】 13

在日本，想必不少人都知道，由日本纪念日协会认定的众多纪念日中就有"梅酒日"。据说这个纪念日最初是由"俏雅梅酒"制定的，当时选用了历法中入梅的那一天作为"梅酒日"。梅雨之所以会叫梅雨，据说是因为有"梅子成熟的时期所降下来的雨"的说法，这么看来选择这一天也是完全可以理解的。每年的6月11日左右是入梅的日子。

这一天的饭菜是由喜欢料理的二人一同制作的。"嗯，真好吃啊。"边品尝着梅酒，边展开了笑容

属于自己的流派，舒畅且愉快

多 么 的 美 味

梅酒吸引人的理由究竟在哪里呢。大概是因为手工制作的梅酒也包含了生活的点滴吧……

我家必备的梅酒
活跃于各种料理

No.1 富山孝一先生 由香女士

木制工艺创作家孝一先生和经营着自己店铺"12月"的由香女士。12月以出售孝一先生的作品为主，陈列着各种容器和手工小物件

我 的 梅 酒

感受四季的手工梅酒是生活的一部分

登上被竹林以及其他树木所包围的坡道便会看到"12月"那小小的招牌。这里是店主富山由香女士经营的一家出售容器和杂货的店铺，也是与身为木制工艺创作家的丈夫孝一先生共同生活的家。

一踏入到店铺中，这个由夫妇两人的世界观所孕育出的小天地，便会被一种舒心的感觉所围绕。店铺中充满了由香女士精心挑选的容器和小物件，没有给客人带来半点压迫感，但同时每一处细节又都彰显着店主自己的个性。摆放在柜台上的梅酒的瓶子与房间完美地融为一体。

"梅酒和梅干是关于梅的手工，味噌则是关于黄豆的手工，在我家这都是不可或缺的季节性手工活动。无论哪一个都成了生活的一部分。能够借此感受到四季的变化是一件非常美好的事情。"由香女士如是说。

梅酒的味道是孝一先生老家的味道。他的母亲，以及母亲的母亲，每年都会在家中泡制梅酒。很自然地，孝一先生也耳濡目染地学会了这门手艺，如今与由香女士二人一起继续泡制自家的梅酒。孝一先生说，"我家的梅酒是属于相当甜口的那一种。因为梅子的用量和糖的用量是一样的，所以味道特别浓厚。可能会有人觉得不适应，但是对我来说这就是家的味道，所以每年都会用同样的配方来泡制。"说完他就从房间里搬出很多装满了梅酒的瓶子。

"其实我喜欢的是啤酒，并不是很常喝梅酒。"孝一先生说。"而我平时也不太喝酒，所以一年又一年就积累了很多梅酒。"由香女士解释道。两人笑着表示，如果有一天可以变成一家出售陈年梅酒的店铺也不错。可以感觉得到，梅酒仿佛是二人的宝贝一般。

在富山家，梅酒除了用来作为饮品以外，主要是负责为家中的料理调味。"在煮肉或者鱼的时候，又或者是在料理的最后一道工序时，加入一点梅酒可以带来特别的风味，使用的方法类似味淋。"由香女士说明道。

今天的两道菜是腌制竹荚鱼（把葱花、辣椒等配料放入油炸好的鱼或肉里，然后再加入醋进行腌制而成的料理）和甜醋烧汁的肉丸子。两道菜都有着浓郁的味道和清爽的香气，让人切实感受到了梅酒带来的独特味道。

虽说并不常喝，但是同样非常享受梅酒带来的乐趣。梅酒中的梅子也十分美味，不容错过

我们珍藏的梅酒

◀ 富山家的梅酒

富山家必备的梅酒采用的是糖和梅子相同用量，因此略偏甜口，并且味道浓厚。"使用味淋或者日本酒泡制，加入了黑糖或者蜂蜜，真材实料十分美味，果然这才是我家的味道。"孝一先生这么说道。每年都会购买无农药的梅子泡制

◀ 加入了香料的梅酒

加入了丁香、肉桂、胡椒、八角的梅酒，略显英武的余味。"因为经常会使用梅酒来制作料理，所以想着加入一些香料感觉会很有意思。"这些是由香女士泡制的梅酒。香料会在浸泡大约半年以后取出

左：每年泡制的梅酒。孝一先生表示，
"其实老家还有不少……"
上：除了梅酒还有味噌、笋干，以及一些奇特的腌制食物，看来二人似乎很喜欢制作腌制食品

组合

【富山家流派】享受梅酒的方法

在富山家，梅酒像味淋以及料酒一样被使用。"炖肉、煮鱼、肉丸子中的馅料或者腌汁等，都会使用到梅酒，可以说是料理时不可或缺的调味料。"由香女士这么说。梅子也会制成蜜饯或者果酱，加入到烤制的蛋糕中，代替干果来使用。

店铺数据

12 月

🏠 横滨市青叶区铁町
1265
📞 045-350-6916
营业时间和休息日请
至 HP 确认

越是品尝容易亲近
但又个性丰富的梅酒
越觉得充满乐趣

No.2 Asian BAR material店长
关敏之先生

店内搜罗了约有1000种梅酒，店址位于东京都内，
可以说是梅酒的图书馆，
在这家店里，每一瓶梅酒都有自己的个性，
你可以尽情感受梅酒的魅力

从适合初学者的大众口
味到绝佳珍品都陈列于
"Asian BAR material"

进入店内，你会发现一整面墙都排满了各种梅酒。至作者截稿日，其数量已经达到了955种。"Asian BAR material"恐怕是日本梅酒品种最多的店了。全日本各地酒厂生产的梅酒自不用说，常客所发现的地方性梅酒，以及产量极其稀少的梅酒，这里都有，莫不是收集了日本全部的梅酒！光是梅酒就有接近1000种，就已经足够令人大吃一惊了。没想到标签上标的材料和制作方法变化出来的梅酒更是千奇百怪，"使用了制作日式点心用的和三盆糖（和三盆是一种原产自日本香川县和德岛县等四国地区东部的糖）""基酒是有名的名酒""酒桶发酵""果汁或者绿茶风味"等。

"我觉得梅酒的味道中饱含了让不擅长喝酒的人也可以尽情享受的亲和感，

这里是一定可以找到一瓶心爱的梅酒的宝库

上：烧酒、泡盛等酒的品种也十分丰富

右：在发泡酒中加入少量的梅酒就会诞生出更有层次的味道，就成了风味啤酒。如果家中正好有梅酒的话，请一定尝试制作一下

以及人们对酒的热爱。甜口、辛口、味浓、味淡、酸味的强度等，适合饮酒人自身喜好的梅酒，只要想找的话一定是可以找到的。梅酒是越喝越有趣的酒。"身为店长的关先生笑着说道。

而且这里还有着特别适合搭配梅酒食用的料理。从和歌山进货的梅干所制作的梅子黄瓜、梅干芥末，以及使用了在制作梅干过程中产生的梅醋作为秘方的关东煮等，都是活用了梅酒的香气和味道的极品料理，难怪会成为店内的招牌，请试着和关先生推荐的梅酒一起食用吧。每次来到这家店，应该都会有关于梅酒魅力的新发现。

关先生推荐了加冰梅酒。当作者告诉他自己的喜好之后，关先生拿出了几瓶他推荐的梅酒

推荐的梅酒

文藏先生的梅酒限定品 2002年

完全手工制作，凭借"瓶中发酵"的米烧酒"文藏"而广为人知的"木下酿造厂"的梅酒。从1999年开始使用古法酿造。口感辛辣，是一瓶深受男性行家喜爱的梅酒。

浓梅酒

加入了大量梅子的果肉，如同名字一般有着十分浓厚味道的梅酒。略显黏稠的口感是其特色所在，与其说是喝酒更像是在品尝一道甜品。是一瓶适合想要充分享受梅子的人的梅酒。

HAMADA

因为使用了和三盆糖，所以有着不留痕迹的清爽甜味，给人一种高级品的印象。又因为加入了金箔，所以看起来十分华丽。酸味和鲜味等味道之间的平衡掌握得恰到好处，在大多数梅酒中绝对处于第一的位置。

╲ Material流派 ╱

能够衬托出料理味道的梅酒珍品

▲ 烟熏牡蛎 × "限定酒·圣"

完美发挥牡蛎自身味道的"烟熏牡蛎"，配上拥有厚重味道的"限定酒·圣"。烟熏风味的牡蛎和强而有力的"圣"组合在一起，竟然令人意外的合拍。

▲ 和歌山关东煮 × "越乃景虎梅酒"

使用了梅醋味道浓郁的关东煮，配上以日本酒为基酒的"景虎"，一起食用令人心情畅快。

▲ 梅子黄瓜 × "梅酒"

想要搭配使用上等梅干制作的梅子黄瓜的话，推荐选择平衡恰到好处的"白玉酒厂"的"梅酒"。

从第一次尝到
梅酒那年开始就
尝试自己泡制

No.3 詹斯 · H.延森先生

詹斯先生十分重视在北欧生活时当地特有的手工制作
传统。他不但擅长制作梅酒，还会根据季节制作不同的
果酒，可以说完全把手工制作融入到了自己的生活中

照片中是正在制作 Granité
（一种法国料理）的詹斯先生。
"因为加入了酒，所以不会冻
得硬邦邦的，可以保持一种
爽脆多汁的口感，并融化于
口中。这是我经常会制作的
一种甜点。"充满了果肉的颗
粒感，十分美味

1　2

以泡制梅酒为契机开始制作各种果酒

"这个是梅子，那个是樱桃。枇杷、橘子，还有一个好像是木梨……"，詹斯先生边说边从架子上取下一瓶瓶不同的酒。瓶子上贴着手写的材料标签。据说詹斯先生来到日本后，

1 各种品种果酒的酒瓶
2 任职于丹麦大使馆。丹麦式的周末菜园"Kolonihave"以及料理等，他那重视手工制作的生活方式受到了人们的关注。著有《詹斯的田园生活》(小社刊)等
3 梅酒一般是夏季加冰饮用，冬季兑热水饮用
4 正在切制作Granité用的梅肉。不需要切得太碎，这样会更有口感

第一次品尝到了梅酒，当场就被果酒的魅力吸引了。

"第一次自己泡制的梅酒就很成功，所以自那以后便开始尝试自己制作各种果酒。"

詹斯先生所制作的梅酒选用了35度的白干儿，再配上梅子和冰糖，属于比较普通的类型。每年都会泡制一瓶，直到第2年喝完。"有时候会使用黑糖或者蜂蜜来代替冰糖。糖的用量会根据当年的心情来决定。也试着将柠檬和梅子放在一起泡制过。每年都会尝试不同的味道，十分有趣。"

面前成排的果酒一般会加冰以后作为餐前酒来饮用。另外将梅酒制成含有大量果肉的Granité式甜点，在休闲的午后端出来细细品尝，实在是一件非常惬意的事情。"我会用从周末菜园Kolonihave采摘的梅子来泡制梅酒。因为没有使用农药，所以完全可以放心使用。在初夏的季节里，观察梅子的成长也是一件十分有趣的事情。"

将亲手采摘的梅子直接浸泡制成梅酒，曾经是一件十分平常的事情，在繁忙的现代生活中却显得是那么的奢侈。

3

4

组合

[詹斯流派] 享受梅酒的方法

梅酒的Granité

[材料]

梅酒	100 mL
水	200 mL
砂糖	75 g
梅子果肉	2颗

[制作方法]
1 将水煮沸后关火，将砂糖溶化制成糖汁。
2 将梅子果肉切碎。
3 待糖汁冷却以后，将其与梅酒、梅子果肉混合，倒入方平底盘容器中冷冻。
4 冻好以后，用叉子刮成刨冰状。
※因为含有酒，所以不会冻得很结实，而是呈现果子露冰激凌的状态。

我所珍爱的梅酒

▶詹斯家的梅酒

青梅、冰糖、35度白干儿泡制是常规选择。梅子和糖的比例会根据当年的心情有所不同。有甜口的时候，也有辛口的时候。有时候也会使用黑糖或者蜂蜜来泡制，还会加入柠檬和梅子一起泡制

梅酒与其他酒不同，挑选的时候全凭个人的心情，完全根据自己的喜好来选择，是一种可以轻松享受的酒。

只要家中备上1瓶梅酒，便可以度过一段不错的幸福时光。

将由酒吧的专家精挑细选出来的稍微有点奢侈的梅酒，以基酒分类编辑＋附带味觉图表，检索起来十分方便。有了这个目录，一定可以寻找到最适合自己的梅酒！

的目录 严格挑选

值得注目的123款梅酒

从日本全国挑选出来的梅酒推荐榜单

烧酒 & 泡盛 为 基 酒

以烧酒为基酒的梅酒，梅子的香气，会微微残留其中，更多是感受烧酒自身的味道和香气。以泡盛为基酒的梅酒，推荐在想要感受开放感的时候选用。

梅万

☎:0974-37-2016

梅子的产地和品种/大分县产南高
所选用的基酒/麦烧酒
容量/720 mL
酒精浓度/19度
购买方式/酒铺

大分县丰后
大野市
藤居酿造

因为麦烧酒"泰明"而被人们所熟悉的藤居酿造所出品的人气梅酒。梅子选用的是大分县出产的南高梅。基酒则是香气扑鼻的35度"特蒸泰明"的原酒，而后将梅子浸泡其中3~4个月，从而制成香气和色泽都十分完美的梅酒。具有深度的味道和清爽的余味是其特色。

推荐的饮用方式

- ☐ 直接饮用
- ☑ 加冰
- ☐ 兑水
- ☑ 兑热水
- ☑ 兑苏打水
- ☐ 其他

味觉图表

酸味	▶强	├──┼──┼──┼──┤	弱
甜味	▶甜	├──┼──┼──┼──┤	辣
香味	▶浓	├──┼──┼──┼──┤	淡
黏稠度	▶黏稠	├──┼──┼──┼──┤	清爽

石川县
白山市
车多造酒

天狗舞 GRAND-LUXE

☎:076-275-1165

梅子的产地和品种/和歌山县产南高　　所选用的基酒/烧酒
容量/720 mL
酒精浓度/22度　　购买方式/酒铺

使用白兰地酒桶储藏的自家制烧酒，浸入和歌山县产的南高梅，经过长时间的发酵。由于只加入了少量的果糖，所以最终会呈现火辣辣的辛口。是一种在享受芳香醇厚的气味的同时，需要慢慢品味的梅酒。

味觉图表

酸味	▶强	├──┼──┼──┼──┤	弱
甜味	▶甜	├──┼──┼──┼──┤	辣
香味	▶浓	├──┼──┼──┼──┤	淡
黏稠度	▶黏稠	├──┼──┼──┼──┤	清爽

推荐的饮用方式

- ☐ 直接饮用
- ☑ 加冰
- ☐ 兑水
- ☐ 兑热水
- ☐ 兑苏打水
- ☐ 其他

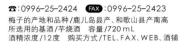

芋烧酒制作 **五代梅酒**

鹿儿岛县
萨摩川内市
山元造酒

☎：0996-25-2424　**FAX**：0996-25-2423
梅子的产地和品种/鹿儿岛县产、和歌山县产南高
所选用的基酒/芋烧酒　容量/720 mL
酒精浓度/12度　购买方式/TEL、FAX、WEB、酒铺

遵循自古流传下来的家庭制作的古老工序，选用了新鲜的青梅，配上芋烧酒"萨摩五代"的原酒泡制出的萨摩梅酒。梅子的酸味与芋烧酒的鲜味相调和，其中芋本身那馥郁的甜味和香气也很好地在梅酒中呈现了出来。稍微加冰以后再饮用会倍感甘醇。

味觉图表		
酸味	▶强 ———●———	弱
甜味	▶甜 ——●————	辣
香味	▶浓 ●————————	淡
黏稠度	▶黏稠 ●———————	清爽

推荐的饮用方式	
☑直接饮用	☑加冰
□兑水	□兑热水
□兑苏打水	□其他

和三盆糖的梅酒

长崎县
壹岐市
玄海造酒

☎：0920-47-0160　**FAX**：092-47-0211
梅子的产地和品种/福冈县玉英
所选用的基酒/麦烧酒　容量/500 mL
酒精浓度/15度　购买方式/TEL、FAX

以麦烧酒的发祥地所酿造的壹岐烧酒为基酒，浸入福冈县产的玉英所制成的梅酒。其中甜味料选用了和三盆糖和日夕蜂蜜，其温和的自然风味是它的卖点所在。作为拳头产品的壹岐烧酒与柔和温润的甜味意外地形成鲜明对比。

鹿儿岛县
日置市
小正酿造

味觉图表		
酸味	▶强 ————●——	弱
甜味	▶甜 ——●————	辣
香味	▶浓 ——●—————	淡
黏稠度	▶黏稠 ———●————	清爽

推荐的饮用方式	
☑直接饮用	☑加冰
☑兑水	□兑热水
□兑苏打水	□其他

推荐的饮用方式	
☑直接饮用	
☑加冰	
☑兑水	
□兑苏打水	
☑兑苏打水	
□其他	

小正的梅酒

☎：099-292-3535　**FAX**：099-292-5080
梅子的产地和品种/奈良县产白加贺　所选用的基酒/米烧酒、
麦烧酒、芋烧酒
容量/720 mL　酒精浓度/14度
购买方式/TEL、FAX、WEB、酒铺

使用了在奈良县的王隐堂农园采用减农药种植方法栽培的新鲜青梅，选用本格烧酒（米、麦、芋）进行浸泡。甜味料则使用了大量滋味浓郁的蜂蜜，从而产生出不论香气还是甜味都十分具有家庭风味的梅酒。

味觉图表		
酸味	▶强 ————●——	弱
甜味	▶甜 ————●——	辣
香味	▶浓 ——●————	淡
黏稠度	▶黏稠 ——●————	清爽

梅酒
天璋院笃姬

鹿儿岛县
市来串木野市
滨田造酒

☎:0996-21-5260

梅子的产地和品种/纪州产南高
所选用的基酒/麦烧酒
容量/720 mL
酒精浓度/12度
购买方式/酒铺

使用了本格麦烧酒和纪州产梅子。笃姬
留给世人一种聪明且刚强的印象，而这
款酒也与它的名字一样，不会太甜又很
清爽，最终成品的口感甚至带着几分严
肃的气息。梅子新鲜的香气和恰到好处
的酸味令人宛如置身于初夏的梅林之中，
再配上带有复古风情的标签，在女性顾
客中颇具人气。

味觉图表

酸味	▶强	├──┼──┼──┼──┤	弱
甜味	▶甜	├──┼──┼──┼──┤	辣
香味	▶浓	├──┼──┼──┼──┤	淡
黏稠度	▶黏稠	├──┼──┼──┼──┤	清爽

推荐的饮用方式

☑ 直接饮用
☑ 加冰
☑ 兑水
☐ 兑热水
☐ 兑苏打水
☐ 其他

爱媛县
松山市
荣光造酒

七折
小梅梅酒

☎:089-977-0964
FAX:089-977-5413

梅子的产地和品种/爱媛县产七折小梅
所选用的基酒/米烧酒
容量/720 mL
酒精浓度/14度
购买方式/TEL、FAX、WEB、酒铺

使用了核小、酸味控制得恰到好处且
香气宜人、有着"青色钻石"美名的
爱媛县砥部町产的七折小梅。放入本
格米烧酒"媛囃子"与高绳山系涌之
渊的地下水中充分浸泡。梅子的香气
扑鼻，甜度柔和，是一款充满水果风
味的梅酒。

推荐的饮用方式

☑ 直接饮用
☑ 加冰
☑ 兑水
☐ 兑热水
☑ 兑苏打水
☐ 其他

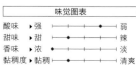

味觉图表

酸味	▶强	├──┼──┼──┼──┤	弱
甜味	▶甜	├──┼──┼──┼──┤	辣
香味	▶浓	├──┼──┼──┼──┤	淡
黏稠度	▶黏稠	├──┼──┼──┼──┤	清爽

佐贺县
西松浦郡
宗政造酒

梅醉人

☎:0955-41-0020
FAX:0955-41-0021

梅子的产地和品种/佐贺县产古城、南高
所选用的基酒/烧酒
容量/720 mL
酒精浓度/15度
购买方式/TEL、FAX、WEB、酒铺

在使用佐贺县产的二条大麦酿造出的
本格麦烧酒中加入梅子与冰糖泡制而
成，是很久以前便有的质朴梅酒。梅
子选用的是在佐贺当地栽培的高品质
青梅。成品是宛如金黄色缎带一般的
液体，酸味和甜味之间的平衡恰到好
处，回味也十分清爽。

推荐的饮用方式

☐ 直接饮用
☑ 加冰
☐ 兑水
☐ 兑热水
☐ 兑苏打水
☐ 其他

味觉图表

酸味	▶强	├──┼──┼──┼──┤	弱
甜味	▶甜	├──┼──┼──┼──┤	辣
香味	▶浓	├──┼──┼──┼──┤	淡
黏稠度	▶黏稠	├──┼──┼──┼──┤	清爽

宫崎县
串间市
寿海造酒

爱媛县
松山市
荣光造酒

使用了紫薯烧酒的
梅酒

☎:0987-72-5611
FAX:0987-72-4355
梅子的产地和品种/佐贺县、大分县产南高
所选用的基酒/芋烧酒
容量/720 mL
酒精浓度/14度
购买方式/TEL、FAX、WEB、酒铺

这是在一款紫薯烧酒"HIMUKA寿"的
原酒中浸泡了南高梅的梅酒。紫薯也叫
作黑薯，是串间特产的一种软乎乎且十
分甘甜的薯类。在此之上再加上梅子那
清爽的酸味，最终二者被果糖充满亲和
力的甜味统一成一个口感柔和的整体。
略显朴素的味道是它的优点。

味觉图表					
酸味	▶强	├──┼──┼──●──┤	弱
甜味	▶甜	├──┼──●──┼──┤	辣
香味	▶浓	├──●──┼──┼──┤	淡
黏稠度	▶黏稠	●──┼──┼──┼──┤	清爽

推荐的饮用方式
- ☑ 直接饮用
- ☑ 加冰
- ☐ 兑水
- ☐ 兑热水
- ☑ 兑苏打水
- ☐ 其他

吟选梅酒

☎:089-977-0964
FAX:089-977-5413
梅子的产地和品种/爱媛县产南高
所选用的基酒/本格烧酒
容量/720 mL
酒精浓度/14度
购买方式/TEL、FAX、WEB、酒铺

由熟练的日本酒酿酒师精心打磨而成的
本格米烧酒，配上高绳山系涌之渊的著
名天然水制成的基酒，再将爱媛县产的
南高梅浸泡其中，最终泡制而成的梅酒。
酸味、甜味都控制得恰到好处，梅子香
气沁人心脾。经过洗涤的味道淡雅又不
失奢华，令人百喝不腻。

推荐的饮用方式
- ☑ 直接饮用　☑ 加冰
- ☑ 兑水　　　☐ 兑热水
- ☑ 兑苏打水　☐ 其他

味觉图表					
酸味	▶强	├──┼──┼──●──┤	弱
甜味	▶甜	├──┼──●──┼──┤	辣
香味	▶浓	├──┼──●──┼──┤	淡
黏稠度	▶黏稠	├──┼──┼──┼──●┤	清爽

贵匠藏梅酒

鹿儿岛县
鹿儿岛市
本坊造酒

☎:099-822-7003
FAX:099-210-1215
梅子的产地和品种/日本产梅
所选用的基酒/芋烧酒
容量/720 mL
酒精浓度/17度
购买方式/TEL、FAX、WEB、酒铺

使用了装在深色酒瓶中的本格芋烧酒
"原酒贵匠藏"为基酒，严选日本产梅
子果实，配以冰糖浸泡而成的梅酒。最
终以浓醇的17度姿态泡制完成，不但
很好地保留了原酒贵匠藏那种独特的味道，
还增加了梅子的芳香。

推荐的饮用方式
- ☑ 直接饮用　☑ 加冰
- ☑ 兑水　　　☐ 兑热水
- ☑ 兑苏打水　☐ 其他

味觉图表					
酸味	▶强	├──┼──●──┼──┤	弱
甜味	▶甜	├──┼──●──┼──┤	辣
香味	▶浓	├──┼──●──┼──┤	淡
黏稠度	▶黏稠	├──┼──●──┼──┤	清爽

五代
生姜梅酒

鹿儿岛县
萨摩川内市
山元造酒

☎：0996-25-2424
FAX：0996-25-2423

梅子的产地和品种/鹿儿岛县产、和歌山县
产南高　所选用的基酒/芋烧酒
容量/720 mL
酒精浓度/12度
购买方式/TEL、FAX、WEB、酒铺

在麦烧酒中加入了生姜酒和芋烧酒调配
而成的五代梅酒算是一种特殊变种梅酒。
生姜独有的辛辣感觉与清爽的芳香，以
及梅酒特有的甘甜和酸味相互调和在一
起，味道独特入口顺滑，属于梅酒中的
佳品。梅酒和生姜的组合也十分符合现
代追求健康的生活方式。

推荐的饮用方式

☑	直接饮用
☑	加冰
☐	兑水
☐	兑热水
☐	兑苏打水
☐	其他

味觉图表

酸味	▶强		●———	弱
甜味	▶甜			辣
香味	▶浓			淡
黏稠度	▶黏稠			清爽

鹿儿岛县
萨摩川内市
山元造酒

佐贺县
西松浦郡
宗政造酒

小仓的梅酒
三岳梅林
~来自合马之乡~

福冈县
北九州市
无法松造酒

☎：093-451-0002
FAX：093-451-0095

梅子的产地和品种/福冈县产南高等
所选用的基酒/粕取烧酒
容量/500 mL
酒精浓度/12度
购买方式/TEL、FAX、WEB、酒铺

将梅子放入浓厚美味的粕取烧酒中浸
泡约一年时间而制成的梅酒。因为控
制了甜度，所以入口更显典雅。通过
使用无农药的梅子和无添加的酿造方
式制成。被北九州商工会议所授予了
"北九州市'食'之商标"。

推荐的饮用方式

☐	直接饮用	☑	加冰
☑	兑水	☐	兑热水
☑	兑苏打水	☐	其他

味觉图表

酸味	▶强	●———		弱
甜味	▶甜			辣
香味	▶浓			淡
黏稠度	▶黏稠			清爽

爱逢梅酒

☎：0955-41-0020

梅子的产地和品种/佐贺县产南高
所选用的基酒/麦烧酒
容量/500 mL
酒精浓度/15度
购买方式/WEB、酒铺

使用由香气扑鼻的二条大麦制成的麦
烧酒"陶山"作为基酒所制成的梅酒。
所使用的梅子则是佐贺县当地培育并
经过手工严格挑选出来的全熟梅子。液
体通透，酒味清香，口感芳醇。加冰以
后慢慢地品尝能更好地感受到其美味。

推荐的饮用方式

☑	直接饮用
☐	加冰
☐	兑水
☐	兑热水
☐	兑苏打水
☐	其他

味觉图表

酸味	▶强		●———	弱
甜味	▶甜		●———	辣
香味	▶浓		●———	淡
黏稠度	▶黏稠			清爽

文藏梅酒

☎:0966-42-2013　FAX:0966-42-5457

梅子的产地和品种/九州产南高等　所选用的基酒/米烧酒
容量/720 mL
酒精浓度/18度　购买方式/TEL、FAX、酒铺

熊本县
球磨郡
木下酿造所

来源于使用制作米烧酒的元祖球磨烧酒的一家位于熊
本县的小酿酒厂，以本格烧酒为基酒，泡入九州产的
梅子，之后静待其完全发酵。香气中透着甜味和清爽，
口味是酸味中带着深度。另外酒精浓度较高，当成一
般的酒来饮用也完全没有问题。

味觉图表		
酸味	▶强 ◆————	弱
甜味	▶甜 ———◆———	辣
香味	▶浓 ◆————	淡
黏稠度	▶黏稠 —◆————	清爽

推荐的饮用方式	
☑直接饮用	☑加水
□兑水	□兑热水
□兑苏打水	□其他

佐贺县
嬉野市
五町田造酒

推荐的饮用方式
☑直接饮用
☑加水
☑兑水
☑兑热水
☑兑苏打水
□其他

本格梅酒

Naturale
ナトゥラーレタ

東一
あづいち

梅酒

东一本格梅酒 Naturale

☎:0954-66-2066

梅子的产地和品种/佐贺县产古城
所选用的基酒/米烧酒　容量/720 mL
酒精浓度/14度　购买方式/酒铺

以本格米酒烧酒为基酒。产品名取
自"元音中"这一有着特殊意义的
音乐用词。正如其名，梅酒是一种
十分简单自然的酒，能够让人很好
地感受到其中梅子温和恬静且深
厚的味道并享受其中。

味觉图表		
酸味	▶强 ———◆——	弱
甜味	▶甜 —◆————	辣
香味	▶浓 —◆————	淡
黏稠度	▶黏稠 ——◆———	清爽

宫崎县
西臼杵郡
高千穗造酒

推荐的饮用方式

- ☐ 直接饮用
- ☑ 加水
- ☑ 兑水
- ☐ 兑热水
- ☑ 兑苏打水
- ☐ 其他

高千穗梅酒

☎:0982-72-2323

FAX:0982-72-3323

梅子的产地和品种/宫崎县产南高、白加贺
所选用的基酒/麦烧酒
容量/720 mL
酒精浓度/14度
购买方式/酒铺

从高千穗地区当地的契约栽培农家处取得的梅子，配上本格麦烧酒的原酒，泡制成十分具有特色的梅酒。制作中稍微控制了甜度，梅香却十分浓郁，一旦入口，香气立刻在口腔中扩散开来，对于梅酒爱好者来说绝对是一种享受。

味觉图表

酸味	▶强		●		弱
甜味	▶甜		●		辣
香味	▶浓		●		淡
黏稠度	▶黏稠		●		清爽

梅香
千树之梅

茨城县
水户市
明利酒类

☎:029-247-6111

梅子的产地和品种/茨城县、群马县产白加贺
所选用的基酒/芋烧酒
容量/720 mL
酒精浓度/14度
购买方式/酒铺

使用以茨城县产的红薯为原料酿制而成的芋烧酒为基酒，配上新鲜的日本产青梅，将青梅中的浸出物浸泡出来。是酸味和香气都十分强烈，味道中透着刺激感，略带着辛口类型的梅酒。是一款特别具有梅子风味的梅酒。

推荐的饮用方式

- ☐ 直接饮用
- ☑ 加冰
- ☐ 兑水
- ☐ 兑热水
- ☐ 兑苏打水
- ☐ 其他

味觉图表

酸味	▶强		●		弱
甜味	▶甜		●		辣
香味	▶浓		●		淡
黏稠度	▶黏稠		●		清爽

东一紫苏梅酒
Diesis

佐贺县
嬉野市
五町田造酒

☎:0954-66-2066

梅子的产地和品种/佐贺县产古城
所选用的基酒/米烧酒
容量/720 mL
酒精浓度/14度
购买方式/酒铺

此款梅酒使用了佐贺县产的古城梅与紫苏以砂糖腌制而成的特质浸出物，并选用了米烧酒作为基酒。清爽的紫苏香气与顺滑口感，作为餐前酒再适合不过了。紫苏色泽鲜艳，用它制作出来的亮红色梅酒更为餐桌上增添了一抹华贵的色彩。

推荐的饮用方式

- ☑ 直接饮用 ☑ 加冰
- ☑ 兑水 ☑ 兑热水
- ☑ 兑苏打水 ☐ 其他

味觉图表

酸味	▶强		●		弱
甜味	▶甜		●		辣
香味	▶浓		●		淡
黏稠度	▶黏稠		●		清爽

山口县
周南市
山县总店

梅之香

☎ :0834-25-0048
FAX :0843-25-2703
梅子的产地和品种/山口县产南高、丰后、白加贺、玉英等
所选用的基酒/米烧酒
容量/720 mL
酒精浓度/14度
购买方式/TEL、FAX、酒铺

是一款使用在酒窖中发酵而成的米烧酒所泡制而成的梅酒。使用当地契约农户所栽种的梅子。梅子香气芳醇突出，甜度控制得恰到好处，品质出众，口感淡雅。酒中无杂味，略带有刺激性的味道，尝过一次以后就很难忘记。

味觉图表

	强						弱
酸味 ▶					●		
甜味 ▶	甜				●		辣
香味 ▶	浓			●			淡
黏稠度 ▶	黏稠			●			清爽

推荐的饮用方式

- ☑ 直接饮用
- ☑ 加冰
- ☐ 兑水
- ☐ 兑热水
- ☐ 兑苏打水
- ☐ 其他

推荐的饮用方式

- ☑ 直接饮用
- ☑ 加冰
- ☑ 兑水
- ☑ 兑热水
- ☐ 兑苏打水
- ☐ 其他

东一黑糖梅酒
Bemolle

佐贺县
嬉野市
五町田造酒

☎ :0954-66-2066
梅子的产地和品种/佐贺县产古城
所选用的基酒/米烧酒
容量/720 mL
酒精浓度/14度
购买方式/酒铺

使用黑糖代替了冰糖的黑色梅酒。基酒使用的是米烧酒。其极具厚重感的外表，这是一款味道上十分有层次感的梅酒，香气中饱含了黑糖独特的味道，给梅酒带来了全新的感觉。可以从它的身上感受到别的酒中所没有的独特风味，拿来作为餐后酒会是一个不错的选择。

味觉图表

	强						弱
酸味 ▶					●		
甜味 ▶	甜		●				辣
香味 ▶	浓			●			淡
黏稠度 ▶	黏稠 ●						清爽

鹿儿岛县
始良市
白金造酒

菜之花梅酒

☎ :0995-65-2103
梅子的产地和品种/鹿儿岛县产南高
所选用的基酒/芋烧酒
容量/500 mL
酒精浓度/12度
购买方式/酒铺

用一颗颗精心挑选的鹿儿岛县产南高梅，配上产于当地的菜花蜂蜜制成的梅酒。选用了原始手工艺木桶蒸馏法制作的芋烧酒为基酒，单是靠近嘴边便可以感受到它独特的芋烧酒的香气。自然柔和的甜味，以及清爽的味道是这款酒的特征。

推荐的饮用方式

☐ 直接饮用	☑ 加冰
☐ 兑水	☐ 兑热水
☐ 兑苏打水	☐ 其他

味觉图表

	强						弱
酸味 ▶			●				
甜味 ▶	甜				●		辣
香味 ▶	浓		●				淡
黏稠度 ▶	黏稠			●			清爽

烧酒&泡盛为基酒

严格挑选的目录

星舍藏
无添加　上等梅酒

鹿儿岛县
鹿儿岛市
本坊造酒

☎:099-822-7003
FAX:099-210-1215

梅子的产地和品种/日本产梅
所选用的基酒/酿造酒
容量/720mL　酒精浓度/14度
购买方式/TEL、FAX、WEB、酒铺

将白兰地与蜂蜜点缀其中，味道中透着深度的一款上等梅酒。使用了大量的梅子浸泡，并且静待其完全发酵，所以梅子的独特香气和酸味被完全引发出来。没有使用任何香精、着色剂、酸味剂的无添加梅酒，可以安心饮用。

味觉图表				推荐的饮用方式	
酸味	▶强 ├─┼─┼─┼─┤ 弱			☑直接饮用	☑加冰
甜味	▶甜 ├─┼─┼─┼─┤ 辣			□兑水	□兑热水
香味	▶浓 ├─┼─┼─┼─┤ 淡			☑兑苏打水	□其他
黏稠度	▶黏稠 ├─┼─┼─┼─┤ 清爽				

石川县
金泽市
福光屋

放松的
ONBORAATO梅

☎:076-223-1117
FAX:076-223-1116

梅子的产地和品种/和歌山县产南高
所选用的基酒/米烧酒　容量/500mL
酒精浓度/20度　购买方式/TEL、FAX、WEB、酒铺

选用本格米烧酒为基酒，点缀以利口酒。梅酒中混合葡萄果汁、梅果汁的新鲜味道，十分适合制作成鸡尾酒或者冷冻。内含丰富的氨基酸，经常饮用似乎会有美容养颜的效果。

味觉图表				推荐的饮用方式	
酸味	▶强 ├─┼─┼─┼─┤ 弱			□直接饮用	☑加冰
甜味	▶甜 ├─┼─┼─┼─┤ 辣			☑兑水	☑兑热水
香味	▶浓 ├─┼─┼─┼─┤ 淡			☑兑苏打水	□其他
黏稠度	▶黏稠 ├─┼─┼─┼─┤ 清爽				

花美藏梅酒

岐阜县
加茂郡
白扇造酒

推荐的饮用方式	
□ 直接饮用	
☑ 加冰	
☑ 兑水	
□ 兑热水	
☑ 兑苏打水	
□ 其他	

☎:0120-873-976
FAX:0120-873-724
梅子的产地和品种/和歌山县产古城
所选用的基酒/米烧酒
容量/720 mL
酒精浓度/12度
购买方式/TEL、FAX、WEB

以米烧酒为基酒，配上和歌山产的"古城"，用心泡制，完全发挥了梅子的香气。制作过程中级努力控制糖的用量，使用3年酿制而成的味淋增加甜度，其朴实的甜味是它最大的优点。另外和酸味的平衡也恰到好处，饮用起来十分顺口。

味觉图表	
酸味 ▶强	弱
甜味 ▶甜	辣
香味 ▶浓	淡
黏稠度 ▶黏稠	清爽

福冈县
大川市
若波造酒

酒藏梅酒

☎:0944-88-1225
FAX:0944-88-1226
梅子的产地和品种/和歌山县纪州产、若波造酒藏庭院栽培的南高
所选用的基酒/烧酒
容量/300 mL
酒精浓度/14度
购买方式/TEL、FAX、WEB、酒铺

采用酒家老板娘代代传承下来的传统工艺，每年精心泡制，再现了原本只属于达官贵人才可以享受的秘传制法制作的梅酒。以本格烧酒为基酒的梅酒，其中所使用的日本产蜂蜜，带来了自然的甜味以及黏稠的口感。因为十分易于入口，所以深受女性欢迎。兑入日本酒来饮用会有另一番风味。

推荐的饮用方式	
□ 直接饮用	☑ 加冰
□ 兑水	□ 兑热水
☑ 兑苏打水	☑ 其他

味觉图表	
酸味 ▶强	弱
甜味 ▶甜	辣
香味 ▶浓	淡
黏稠度 ▶黏稠	清爽

宫崎县
西臼杵郡
神乐造酒

神乐梅酒

☎:0982-76-1111
FAX:0982-76-1118
梅子的产地和品种/日本产梅（南高、古城等）
所选用的基酒/麦烧酒
容量/720 mL
酒精浓度/14度
购买方式/TEL、FAX、WEB、酒铺

宫崎县的神乐造酒是对日本原料有着异常执着的良心酿酒厂。以人气麦烧酒"炎之黑马"为基酒，严选优质梅子浸泡而成的梅酒。余味清爽是它的特征。使用低聚糖或者蜂蜜来增加甜味，并且加入了膳食纤维，十分适合追求健康饮食的人群。

推荐的饮用方式	
□ 直接饮用	☑ 加冰
□ 兑水	□ 兑热水
□ 兑苏打水	□ 其他

味觉图表	
酸味 ▶强	弱
甜味 ▶甜	辣
香味 ▶浓	淡
黏稠度 ▶黏稠	清爽

0糖梅酒

德岛县鸣门市
本家松浦
造酒厂

☎:088-689-1110　**FAX**:088-689-1109

梅子的产地和品种/日本产梅
所选用的基酒/烧酒
容量/720mL
酒精浓度/10度
购买方式/TEL、FAX、WEB、酒铺

完全不使用任何糖类，只使用纯天然的甜味剂制作而成，十分易于入口的0糖梅酒。梅子本身的清爽香味与柔和的甜味，带来如同白葡萄酒一般的味道。适合搭配鱼肉料理或者是意大利面，当然也推荐作为餐前酒来饮用。

味觉图表			推荐的饮用方式	
酸味　▶强 ├─┼─●─┼─┤ 弱			☑直接饮用	☑加冰
甜味　▶甜 ├─┼─●─┼─┤ 辣			□兑水	□兑热水
香味　▶浓 ├─┼─●─┼─┤ 淡			□兑苏打水	□其他
黏稠度▶黏稠 ├─┼─┼─┼─● 清爽				

梅见月

冲绳县
国头郡
今归仁造酒

☎:0980-56-2611
FAX:0980-56-4598

梅子的产地和品种/和歌山县产纪州南高
所选用的基酒/泡盛
容量/720mL
酒精浓度/12度
购买方式/TEL、FAX、WEB、酒铺

选用窖藏3年的泡盛为基酒，浸入和歌山县产的南高梅制成的梅酒。陈酿泡盛在味道上虽然有着强烈的性格，但是饮用过后残留在舌尖的更多是梅子的香气与酸甜之味。泡盛与梅子之间展开的味觉争夺战可以说是这款梅酒的一大特色。

推荐的饮用方式	
□直接饮用	☑加冰
□兑水	□兑热水
□兑苏打水	□其他

味觉图表			
酸味　▶强 ├─┼─┼─●─┤ 弱			
甜味　▶甜 ├─┼─●─┼─┤ 辣			
香味　▶浓 ├─●─┼─┼─┤ 淡			
黏稠度▶黏稠 ├─┼─●─┼─┤ 清爽			

蜜柑榨汁酒

福冈县
柳州市
目野造酒

☎:0944-72-5254
FAX:0944-72-1700

梅子的产地和品种/福冈县产南高、玉英
所选用的基酒/烧酒
容量/500mL
酒精浓度/5~5.9度
购买方式/TEL、WEB

以精心栽培的温州蜜柑所鲜榨的果汁配上本格烧酒作为基酒，正是这款梅酒的卖点。与其说是梅酒，味道可能更接近蜜柑的利口酒。蜜柑的天然甜味配上梅子清爽的酸味，形成了一种绝妙的风味。

推荐的饮用方式	
☑直接饮用	☑加冰
□兑水	□兑热水
□兑苏打水	□其他

味觉图表			
酸味　▶强 ├─┼─●─┼─┤ 弱			
甜味　▶甜 ├─┼─●─┼─┤ 辣			
香味　▶浓 ├─┼─●─┼─┤ 淡			
黏稠度▶黏稠 ├─●─┼─┼─┤ 清爽			

大分县
日田市
老松造酒

推荐的饮用
方式

☐ 直接饮用
☑ 加冰
☐ 兑水
☐ 兑热水
☑ 兑苏打水
☐ 其他

天空之月memorie

☎:0973-28-2116

梅子的产地和品种/日本产梅
所选用的基酒/麦烧酒
容量/500 mL
酒精浓度/12度
购买方式/酒铺

用酒桶发酵的麦烧酒配上全熟的梅子浸
泡而成的梅酒。其浓郁的香味、清爽的
味道，以及偏辛辣的口感，使这款酒在
2009年荣获了世界品质评鉴大会的金
奖。memorie为此发售了纪念瓶版的
梅酒。因为入喉清爽，所以适合所有的
料理。

味觉图表

酸味	▶强	├─┼─┼─●─┤	弱
甜味	▶甜	├─┼─┼─●─┤	辣
香味	▶浓	├─┼─●─┼─┤	淡
黏稠度	▶黏稠	├─┼─┼─┼─●	清爽

推荐的饮用
方式

☐ 直接饮用
☑ 加冰
☐ 兑水
☐ 兑热水
☐ 兑苏打水
☐ 其他

鹿儿岛县
南九州市
佐多宗二商店

角玉梅酒

☎:0993-38-1121

梅子的产地和品种/日本产梅　所选用的基酒/米烧酒
容量/750 mL　酒精浓度/12度　购买方式/TEL、WEB

从德岛县的契约农户手中购入青梅，
配上自家酒厂酿造的本格米烧酒所
制作的梅酒，是日本首次向美国输
出的梅酒。为了更好地保留梅酒最
原始的深厚味道，将过滤程序减到
最低限度的状态装瓶。柔和的口感
令人百喝不腻。

味觉图表

酸味	▶强	├─┼─●─┼─┤	弱
甜味	▶甜	├─┼─●─┼─┤	辣
香味	▶浓	├─┼─●─┼─┤	淡
黏稠度	▶黏稠	●─┼─┼─┼─┤	清爽

烧酒＆泡盛为基酒　严格挑选的目录

冲绳县
石垣市
请福酿造

琉球风格
热情梅酒

☎:0980-82-3166
梅子的产地和品种/和歌山县产南高
所选用的基酒/泡盛
容量/500mL
酒精浓度/12度
购买方式/TEL、WEB、酒铺

泡盛的基酒配上纯日本产的黑糖制成的
请福梅酒中加入了天然的百香果汁，是
一款充满果肉口感的酒。在泡盛中加入
百香果汁，是冲绳县极具南方风情的饮
用方式。在夏季，适合用苏打水稀释以
后细细品味。

推荐的饮用方式	
□ 直接饮用	☑ 加水
□ 兑水	□ 兑热水
☑ 兑苏打水	□ 其他

味觉图表		
酸味	▶强 ●━━━━━━	弱
甜味	▶甜 ━━━━━●━	辣
香味	▶浓 ━━━━━━●	淡
黏稠度	▶黏稠 ━●━━━━	清爽

冲绳县
石垣市
请福酿造

请福梅酒

☎:0980-82-3166
梅子的产地和品种/和歌山县产南高
所选用的基酒/泡盛 容量/720mL
酒精浓度/12度 购买方式/TEL、WEB、酒铺

用一直以来都严格遵守泡盛的传统制法的请福造酒出
品的泡盛酒所制作的梅酒。泡盛独特的香气与梅子的
酸味完美地配合到了一起。再配上纯日本产的黑糖来
增加甜度，因此成品甘甜且具有深度，是入喉感觉十
分爽快的一款梅酒。

味觉图表			推荐的饮用方式	
酸味	▶强 ●━━━━━━ 弱		□ 直接饮用	☑ 加水
甜味	▶甜 ━━━●━━ 辣		□ 兑水	□ 兑热水
香味	▶浓 ━━━━━● 淡		☑ 兑苏打水	□ 其他
黏稠度	▶黏稠 ━━●━━ 清爽			

唐辛子梅酒

德岛县鸣门市
本家松浦
造酒厂

☎:088-689-1110
FAX:088-689-1109
梅子的产地和品种/日本产梅　所选用的基酒/烧酒
容量/720 mL
酒精浓度/12度　购买方式/TEL、FAX、WEB

在梅酒中加入茨城县产的辣椒浸泡
而成的带有全新感觉的梅酒。梅酒
清爽的甜味，以及辣椒的刺激感觉
所带来的辛辣口感，形成了绝妙的
口感，一旦习惯以后会越喝越上瘾。
因为口感清爽，所以适合搭配味道
比较重的料理。

味觉图表		
酸味 ▶强		弱
甜味 ▶甜		辣
香味 ▶浓		淡
黏稠度 ▶黏稠		清爽

推荐的饮用方式

☑ 直接饮用
☑ 加冰
☐ 兑水
☐ 兑热水
☐ 兑苏打水
☐ 其他

泡盛梅酒　梅美人

冲绳县
那霸市
瑞穗造酒

☎:098-885-0121
FAX:098-885-0202
梅子的产地和品种/中国台湾产梅岭黄梅
所选用的基酒/泡盛　容量/720 mL
酒精浓度/13度　购买方式/TEL、FAX、WEB、酒铺

选用了靠近冲绳的中国台湾出产的无农药栽培的梅岭
黄梅。采摘之后的第2天便浸入泡盛中，是一款特别
新鲜的梅酒。甜味中有着泡盛独特的芳香，可以尽情
享受其中酒的风味。因为是低糖制成，所以口感更加
清爽。

味觉图表		
酸味 ▶强		弱
甜味 ▶甜		辣
香味 ▶浓		淡
黏稠度 ▶黏稠		清爽

推荐的饮用方式	
☑ 直接饮用	☑ 加冰
☐ 兑水	☐ 兑热水
☐ 兑苏打水	☐ 其他

梅酒 花山

群马县
馆林市
龙神造酒

☎:0276-72-3711
梅子的产地和品种/群马县产白加贺
所选用的基酒/烧酒　容量/720 mL
酒精浓度/16度　购买方式/酒铺

以"属于成年人的不会太甜的酒"
为卖点的辛口梅酒。基酒是同一酿
酒厂制造的极具人气的"吟酿烧
酒·花山"。将独特的制作工艺催
熟的白加贺梅浸泡其中，梅子自身
的香甜味道得到了升华，形成了清
爽又不失华丽的味道。

味觉图表		
酸味 ▶强		弱
甜味 ▶甜		辣
香味 ▶浓		淡
黏稠度 ▶黏稠		清爽

推荐的饮用方式

☐ 直接饮用
☑ 加冰
☐ 兑水
☑ 兑热水
☐ 兑苏打水
☐ 其他

烧酒&泡盛为基酒

严格挑选的目录

白兰地 & 威士忌为基酒

以白兰地或者威士忌为基酒制成的梅酒，大多数在甜度上更加控制，口味更加具有成熟感。适合兑入苏打水以后加冰饮用。

山梨县甲府市
SHATO-
酒折酿酒厂

埼玉县
入间郡
麻原造酒

① 木下古典 1990

☎:055-227-0511
梅子的产地和品种/山梨县产甲州最小
所选用的基酒/白兰地
容量/720 mL
酒精浓度/12度
购买方式/WEB、酒铺、梅酒屋(06-6925-8240)

推荐的饮用方式

- ☐ 直接饮用
- ☑ 加冰
- ☐ 兑水
- ☐ 兑热水
- ☐ 兑苏打水
- ☐ 其他

创于1990年，使用法国白兰地为基酒制作，极具风味的梅酒。梅子选用的是数个品种中个头最小，被称作"甲州最小"的品种。其扑鼻的香气，以及极具深度的味道，正是来自这甲州"最小"的核。是梅酒爱好者们所憧憬的奢侈梅酒。

味觉图表

酸味	▶强	●━━━━━	弱
甜味	▶甜	━━●━━━	辣
香味	▶浓	━━●━━━	淡
黏稠度	▶黏稠	━━━●━	清爽

② 白兰地 梅酒

☎:049-298-6010
FAX:049-298-6012
梅子的产地和品种/埼玉县产白加贺
所选用的基酒/白兰地
容量/720 mL
酒精浓度/20度
购买方式/TEL、FAX、WEB、酒铺

推荐的饮用方式

- ☐ 直接饮用
- ☑ 加冰
- ☐ 兑水
- ☐ 兑热水
- ☑ 兑苏打水
- ☐ 其他

选用了日本关东三大梅林中数量有限的越生梅林（埼玉县）所出产的新鲜梅子。将其浸泡至上等白兰地中，从而带来了极具深度的味道。清爽又带着辛辣的口感，是它的特色所在。是一款十分适合度过一段成年人休闲时光的梅酒。

味觉图表

酸味	▶强	━━●━━━	弱
甜味	▶甜	━━━●━	辣
香味	▶浓	━━●━━━	淡
黏稠度	▶黏稠	━━━━●	清爽

④

长野县
上伊那郡
本坊造酒

石川县
金泽市
YACHIYA
造酒

③ 龙峡梅酒

☎ :099-822-7003
FAX :099-210-1215
梅子的产地和品种 /长野县产龙峡小梅
所选用的基酒 /白兰地
容量 /720 mL
酒精浓度度 /14 度
购买方式 /TEL、FAX、WEB、酒铺

推荐的饮
用方式

☑ 直接饮用
☑ 加冰
☐ 兑水
☐ 兑热水
☑ 兑苏打水
☐ 其他

选用优质信州产龙峡小梅生产的具
有水果味的梅酒。使用自家信州酿
酒厂所蒸馏、木桶发酵 3 年以上的
白兰地，有着超群的香气。获得过
IWSC2009 银奖并且登上过最佳排
行榜，可以说功绩卓绝。

味觉图表

酸味　▶强　————●——　弱
甜味　▶甜　———●———　辣
香味　▶浓　——●————　淡
黏稠度▶黏稠　———●——　清爽

④ 加贺鹤 白兰地梅酒

☎ :076-252-7077
FAX :076-252-7449
梅子的产地和品种 /石川县产石川 1 号中心
所选用的基酒 /白兰地
容量 /720 mL
酒精浓度度 /12.8 度
购买方式 /TEL、FAX、WEB、酒铺

推荐的饮
用方式

☑ 直接饮用
☑ 加冰
☐ 兑水
☑ 兑热水
☑ 兑苏打水
☐ 其他

金泽的著名酒家为了展示自身实
力特制的珍品梅酒。有着 7 年窖藏
的 VSOP 白兰地所特有的甘醇与芬
芳。另外还控制了甜度，即便是不
喜欢甜酒类的人也会喜欢上这款梅
酒。新鲜梅子的酸味，以及香味也
十分突出。

味觉图表

酸味　▶强　————●——　弱
甜味　▶甜　———●———　辣
香味　▶浓　——●————　淡
黏稠度▶黏稠　————●—　清爽

白兰地&威士忌为基酒

兵库县
丹波市
西山造酒厂

⑤ 布朗日 梅申

☎:0795-86-0331
FAX:0795-86-0202
梅子的产地和品种/和歌山县产南高
所选用的基酒/白兰地
容量/720 mL
酒精浓度/18度
购买方式/TEL、FAX、WEB、酒铺

推荐的饮用方式
☑ 直接饮用
☑ 加冰
□ 兑水
☑ 兑热水
☑ 兑苏打水
□ 其他

白兰地的高雅味道为本身质朴的梅酒增添了华贵的气息。梅子选用的是王道的和歌山县产南高梅。如果想尝试不太一样的梅酒的话，会是一个不错的选择。略显时尚的标签看起来颇有品位，十分适合拿来赠送亲友。

味觉图表

酸味	▶强 ├──◆──┼──┤	弱
甜味	▶甜 ├──◆──┼──┤	辣
香味	▶浓 ├──◆──┼──┤	淡
黏稠度	▶黏稠 ├──◆──┼──┤	清爽

茨城县
水户市
明利酒类

⑥ 梅香 熟成梅酒

☎:029-247-6111
梅子的产地和品种/茨城县、群马县产
白加贺
所选用的基酒/白兰地
容量/720 mL
酒精浓度/14度
购买方式/酒铺

推荐的饮用方式
☑ 直接饮用
□ 加冰
□ 兑水
□ 兑热水
□ 兑苏打水
□ 其他

用严格挑选的新鲜日本产梅泡制，并精心酿造而成的梅酒。又因为选用了白兰地和蜂蜜，使得最终成品味道更加丰富。并且还使用了天然矿泉水，从而带来了柔和的口感。因为口感清爽，所以也推荐给成年男性。

味觉图表

酸味	▶强 ├──┼──◆──┤	弱
甜味	▶甜 ├──┼──◆──┤	辣
香味	▶浓 ├──┼──◆──┤	淡
黏稠度	▶黏稠 ├──┼──◆──┤	清爽

兵库县明石市
**江井之岛
造酒**

茨城县
水户市
明利酒类

⑦ 白玉威士忌 梅酒

☎:078-946-1006　**FAX**:078-947-0002
梅子的产地和品种/德岛县产青梅
所选用的基酒/威士忌
容量/500 mL
酒精浓度/14度
购买方式/WEB、酒铺

推荐的饮用方式
□ 直接饮用
☑ 加冰
☑ 兑水
□ 兑热水
☑ 兑苏打水
□ 其他

威士忌独有的芳醇香气与梅子的水果味相辅相成，泡制成全新感觉的梅酒。使用100%德岛县产青梅为原料制成的梅酒，原酒则是兵库县明石所出产的苏格兰风味威士忌。恰到好处的甜味和酸味形成了美妙的平衡。

味觉图表

酸味	▶强	├──┼─●┼──┤ 弱
甜味	▶甜	├──┼──●┼─┤ 辣
香味	▶浓	├──┼●─┼──┤ 淡
黏稠度	▶黏稠	├──●┼──┼─┤ 清爽

⑧ 梅香 百年梅酒

☎:029-247-6111
梅子的产地和品种/茨城县产、群马县产白加贺梅
容量/720 mL
酒精浓度/14度
购买方式/酒铺

推荐的饮用方式
□ 直接饮用
☑ 加冰
□ 兑水
□ 兑热水
□ 兑苏打水
□ 其他

2008年在天满天神梅酒大会上获得优胜的一款梅酒。使用严选的新鲜日本产梅子泡制而成，经过长时间发酵形成的芳醇香气与圆润的口感是它的特点。梅酒本来的浓厚口感与具有深度的味道，经过加冰以后变得更加柔顺，易于入口。

味觉图表

酸味	▶强	●─┼──┼──┤ 弱
甜味	▶甜	├──┼──●┼─┤ 辣
香味	▶浓	├──●┼──┼─┤ 淡
黏稠度	▶黏稠	●─┼──┼──┤ 清爽

白干儿＆酿造酒为基酒

因为作为基酒所使用的酒在味道上没有个性，所以反而不会妨碍到梅子本身的风味。又因为一直吸收梅子的浸出物，所以更加美味。可以试着多种比较起来品尝。

丰后大山南高梅
朝采梅酒

大分县日田市
大山町
大山
梦工房

☎：0973-52-3000
FAX：0973-52-3344
梅子的产地和品种／大分县日田市大山町产南高
所选用的基酒／酿造酒
容量／1800 mL
酒精浓度／14度
购买方式／TEL、FAX、WEB、酒铺

这是一款在梅园中的一家工作室中制作，用采摘自大山町的南高梅当日便泡制的梅酒。新鲜的青梅就这样直接发酵的，因此甜味中会带着一些酸味，梅子的水果味也十分明显。推荐喜欢清爽口感的人品尝。

味觉图表		
酸味　▶强		弱
甜味　▶甜		辣
香味　▶浓		淡
黏稠度　▶黏稠		清爽

推荐的饮用方式

- □ 直接饮用
- ☑ 加冰
- □ 兑水
- □ 兑热水
- □ 兑苏打水
- □ 其他

京都府
京都市
宝造酒

宝"十二年陈酿梅酒"

☎：075-241-5111
梅子的产地和品种／日本产南高、古城
所选用的基酒／酿造酒
容量／720 mL　酒精浓度／17度
购买方式／WEB（只在宝造酒官方网站出售、数量限定）

经过12年发酵而成的顶级梅酒。其手写序列号更是体现出它的高级感以及限定感。使用日本产的南高梅和古城梅，极具深度的味道是它的最大特征。曾荣获第3届天神梅酒大会第2名。

味觉图表		
酸味　▶强		弱
甜味　▶甜		辣
香味　▶浓		淡
黏稠度　▶黏稠		清爽

推荐的饮用方式

- ☑ 直接饮用　☑ 加冰
- □ 兑水　　　□ 兑热水
- □ 兑苏打水　□ 其他

山梨县甲府市
SHATO-酒
折酿酒厂

生姜梅酒

☎:0736-62-2121
梅子的产地和品种/和歌山县产全熟南高
所选用的基酒/酿造酒
容量/500 mL
酒精浓度/13度
购买方式/酒铺

使用全熟的南高梅泡制，并且加入了
有"抵御百病"之称的生姜，从而制
成了利于健康的梅酒。梅酒的甘甜与
酸味配上生姜的辛辣味道，带来爽快
的口感。使用热水稀释饮用，会觉得
从身体内部变得温暖起来。

和歌山县
岩出市
吉村秀雄商店

推荐的饮用方式	
☑ 直接饮用	
☑ 加冰	
☑ 兑水	
☑ 兑热水	
☑ 兑苏打水	
☐ 其他	

味觉图表		
酸味	▶强————◆————	弱
甜味	▶甜—◆————————	辣
香味	▶浓———◆————————	淡
黏稠度	黏稠————◆———	清爽

幽玄秘酒
浑然

☎:055-227-0511
梅子的产地和品种/东京都青梅产梅乡
所选用的基酒/白干儿
容量/720 mL
酒精浓度/15度
购买方式/WEB
批发商：萨摩酒类贩卖（有）
TEL: 0995-64-8162

这是将昭和三十七年（1962年）制作
的梅酒不经过滤便装瓶制成的稀少陈
酿。黏稠的深褐色液体香气扑鼻，其
甜度浓厚宛如蜂蜜。选用了东京都青
梅产的核小肉厚的梅乡种子。经过将
近半个世纪的时间，使其慢慢沉淀而
成的梅酒，其味道如同甘露一般。

推荐的饮用方式	
☐ 直接饮用	☑ 加冰
☐ 兑水	☐ 兑热水
☐ 兑苏打水	☐ 其他

和歌山县
海南市
中野BC

味觉图表		
酸味	▶强————◆———	弱
甜味	▶甜—◆————————	辣
香味	▶浓—◆—————————	淡
黏稠度	▶黏稠◆—————————	清爽

纪州
赤梅酒

☎:073-482-1234
FAX:073-482-2244
梅子的产地和品种/和歌山县产南高
所选用的基酒/酿造酒
容量/720 mL
酒精浓度/12度
购买方式/TEL、FAX、WEB、酒铺

一款将和歌山县产的南高梅，再加上与
果香四溢的梅同样都是和歌山县特产
的"红紫苏"一同精心浸泡制成的梅酒。
因为加入了红紫苏的关系，所以制作出
来的梅酒有着红宝石一般艳丽的色泽。
如果作为餐前酒来饮用，其清爽的口感、
恰到好处的酸味以及鲜艳的红色，都起
到了促进食欲的作用。

推荐的饮用方式	
☐ 直接饮用	☑ 加冰
☐ 兑水	☐ 兑热水
☑ 兑苏打水	☐ 其他

味觉图表		
酸味	▶强————————◆—	弱
甜味	▶甜————◆————	辣
香味	▶浓—◆—————————	淡
黏稠度	▶黏稠————————◆	清爽

万岁乐
加贺梅酒

☎:076-273-1171
FAX:076-273-3725
梅子的产地和品种/北陆道产（石川、福井）红映
所选用的基酒/酿造酒
容量/720 mL
酒精浓度/14度　购买方式/TEL、FAX、WEB、酒铺

石川县
白山市
小堀造酒店

选用北陆道培育的以高雅的香气和味道闻名的红映梅，
加上清澈的白山地下水制成的梅酒。经过2年时间的
等待，最终得到味道和谐、口感柔和的成品。和红茶、
白葡萄酒、酸奶、鸡尾酒等都十分谐调，是一款应用
范围广泛的梅酒。

推荐的饮用方式		味觉图表			
☑直接饮用	☑加冰	酸味 ▶ 强	├─●─┼─┼─┤	弱
☐兑水	☐兑热水	甜味 ▶ 甜	├─┼─●─┼─┤	辣
☑兑苏打水	☑其他	香味 ▶ 浓	├─●─┼─┼─┤	淡
		黏稠度 ▶ 黏稠	●─┼─┼─┼─┤	清爽

和歌山县
海南市
中野BC

推荐的饮用
方式

☐ 直接饮用
☑ 加冰
☐ 兑水
☐ 兑热水
☑ 兑苏打水
☐ 其他

纪州的邪払梅酒

☎:073-482-1234
梅子的产地和品种/和歌山县产南高　所选用的基酒/酿造酒
容量/720 mL　酒精浓度/10度
购买方式/酒铺（日本西部限定商品。期间限定，下次出售时间未定）

所谓"邪払"是一种香酸柑橘的名
字，它是柚子、纪州蜜橘等在自然
界里杂交而成的，自古便是纪州当
地出产的一个特殊品种。邪払的酸
味中带着淡淡的苦味，使用它的果
汁配上优质的南高梅来制作，最终
泡制而成的梅酒中酸味与甜味的
平衡恰到好处，口感清爽。

味觉图表			
酸味 ▶ 强	├─┼─┼─●─┤	弱
甜味 ▶ 甜	├─┼─┼─●─┤	辣
香味 ▶ 浓	●─┼─┼─┼─┤	淡
黏稠度 ▶ 黏稠	├─┼─┼─┼─●	清爽

纪州的八朔橘梅酒

☎:073-482-1234
梅子的产地和品种/和歌山县产南高　所选用的基酒/酿造酒
容量/720 mL　酒精浓度/12度
购买方式/酒铺（业务合作酒铺专营）

在纪州半岛受到黑潮带来的温暖气候恩惠的不只是梅子，这里的柑橘类水果也十分有名，其中八朔橘更是有着全日本第一的产量。八朔橘那略带苦涩的酸味与美酒的甜味形成绝妙的调和，因而制成了口感清爽的绝佳美酒。用来制作成多汁可口的果子露也十分适合。

> 和歌山县
> 海南市
> 中野BC

味觉图表
酸味	▶强	●——————弱
甜味	▶甜	●——————辣
香味	▶浓	●——————淡
黏稠度	▶黏稠	●——————清爽

推荐的饮用方式
- ☐ 直接饮用　☑ 加冰
- ☑ 兑水　☐ 兑热水
- ☑ 兑苏打水　☑ 其他

白干儿&酿造酒为基酒

严格挑选的目录

大入梅酒 浊浊

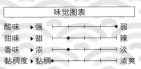

> 兵库县
> 丹波市
> 西山造酒厂

☎:0795-86-0331
梅子的产地和品种/和歌山县产南高
所选用的基酒/酿造酒
容量/720 mL
酒精浓度/10度
购买方式/批发商店高藏、梅酒酒铺

推荐的饮用方式
- ☐ 直接饮用
- ☑ 加冰
- ☐ 兑水
- ☐ 兑热水
- ☑ 兑苏打水
- ☐ 其他

一款制作过程中不过滤掉梅子。使之一直浸泡并逐渐融于酒中，口感黏稠的梅酒。饮用时，充分摇晃瓶身以后再将酒注入到玻璃杯中，酒中充满了梅肉，入口后可以切实感受到梅子的果肉在口腔中扩散开来。在果肉的口感上可以说是出类拔萃。是至今从未品尝过的梅酒，值得一试。

味觉图表
酸味	▶强	——————弱
甜味	▶甜	●——————辣
香味	▶浓	——————淡
黏稠度	▶黏稠	●——————清爽

纪州绿茶梅酒 浊

> 和歌山县
> 海南市
> 中野BC

推荐的饮用方式
- ☐ 直接饮用
- ☑ 加冰
- ☐ 兑水
- ☐ 兑热水
- ☐ 兑苏打水
- ☐ 其他

☎:073-482-1234
梅子的产地和品种/和歌山县产南高　所选用的基酒/酿造酒
容量/720 mL　酒精浓度/12度
购买方式/酒铺（西日本限定产品）　※需要冷藏

将捣碎的梅肉加入其中，黏稠的口感带来全新的感觉，充满了梅子独特风味的一款梅酒。在使用南高梅浸泡的梅酒中又加入了绿茶，从而使得整颗梅酒的味道更加甘醇芬芳，并且余味清爽独特。

味觉图表
酸味	▶强	——————弱
甜味	▶甜	●——————辣
香味	▶浓	——————淡
黏稠度	▶黏稠	●——————清爽

柏拉图梅申

兵库县
丹波市
西山造酒厂

☎:0795-86-0331

梅子的产地和品种/和歌山县产南高　所选用的基酒/白兰地
容量/1500 mL　酒精浓度/18度　购买方式/TEL

这款梅酒的酒瓶外形看起来宛如古希腊陶器中的双耳细颈椭圆土罐，平添了几分优雅。在白兰地中加入南高梅，之后静待梅子的浸出物完全析出。是一款不论是甜味还是香味都十分出众的梅酒。另外还可以用附赠的玻璃勺子将酒中浸泡着的梅子舀出食用。

味觉图表		
酸味 ▶强	├─┼─┼─┼─┼─┤	弱
甜味 ▶甜	├─┼─┼─┼─┼─┤	辣
香味 ▶浓	├─┼─┼─┼─┼─┤	淡
黏稠度 ▶黏稠	├─┼─┼─┼─┼─┤	清爽

推荐的饮用方式

☑ 直接饮用
☑ 加冰
☑ 兑水
☐ 兑热水
☑ 兑苏打水
☐ 其他

花椒梅酒

和歌山县
海南市
中野BC

☎:073-482-1234
FAX:073-482-2244

梅子的产地和品种/和歌山县产南高　所选用的基酒/酿造酒
容量/720 mL　酒精浓度/12度
购买方式/TEL、FAX、WEB、酒铺

这款梅酒中使用了大量和歌山县产南高梅，并加入了少量花椒和辣椒，从而带来了不一样的味觉体验：梅酒的酸味在舌尖扩散，还能隐约感受到有辛辣的刺激感，让人欲罢不能。梅酒中的胡椒使用的是有着全日本第一胡椒产量的和歌山县有田川町出产的上等胡椒。

味觉图表		
酸味 ▶强	├─┼─┼─●─┼─┤	弱
甜味 ▶甜	├─┼─┼─●─┼─┤	辣
香味 ▶浓	├─┼─●─┼─┼─┤	淡
黏稠度 ▶黏稠	├─┼─┼─┼─●─┤	清爽

推荐的饮用方式

☐ 直接饮用　☑ 加冰
☐ 兑水　　　☐ 兑热水
☑ 兑苏打水　☐ 其他

纪州梅酒 "红南高"

和歌山县
海南市
中野BC

☎:073-482-1234

梅子的产地和品种/和歌山县产南高
所选用的基酒/酿造酒　容量/720 mL
酒精浓度/20度　购买方式/酒铺

这款梅酒使用南高梅中最高级的"红南高"浸泡而成，可以说是一款有些奢侈的梅酒。为了更好地配合其浓郁的香气，推荐加冰以后细细品尝。曾经在全日本100种以上梅酒参加的第一届天满天神梅酒大会上荣获头奖，其实力不容小觑。

推荐的饮用方式

☐ 直接饮用
☑ 加冰
☐ 兑水
☐ 兑热水
☐ 兑苏打水
☐ 其他

味觉图表		
酸味 ▶强	├─●─┼─┼─┼─┤	弱
甜味 ▶甜	├─●─┼─┼─┼─┤	辣
香味 ▶浓	├─●─┼─┼─┼─┤	淡
黏稠度 ▶黏稠	├─●─┼─┼─┼─┤	清爽

长期发酵梅酒

山梨县甲府市
SHATO−酒
折酿酒

☎:055-227-0511
FAX:055-227-0512

梅子的产地和品种/东京都青梅产梅乡　所选用的基酒/白干儿
容量/720mL　酒精浓度/14度
购买方式/TEL、FAX、WEB、酒铺

这一款使用了东京都青梅产的梅乡品种，以窖藏1~2
年的原酒为基酒，并且混合了昭和三十七年（1962年）
出品的陈酿的梅酒。梅子新鲜的味道与陈酿厚重的历
史感相互调和，带出更有层次的味觉体验。不但口感
清爽，梅子的余味也十分香醇。

味觉图表				
酸味	▶强	●◀		弱
甜味	▶甜	●◀		辣
香味	▶浓	●◀		淡
黏稠度	▶黏稠	●◀		清爽

推荐的饮用方式	
☑直接饮用	□加冰
□兑水	□兑热水
□兑苏打水	□其他

和歌山县
海南市
中野BC

推荐的饮用方式	
□直接饮用	
☑加冰	
□兑水	
□兑热水	
□兑苏打水	
□其他	

桶装梅酒"百药"3年窖藏

☎:073-482-1234
FAX:073-482-2244

梅子的产地和品种/和歌山县产南高　所选用的基酒/酿造酒
容量/720mL　酒精浓度/20度
购买方式/TEL、FAX、WEB、酒铺

将南高梅浸泡于原酒中，之后再使
用橡木桶封存3年，静待其变为浓
郁香醇的梅酒。梅酒的甜味会因为
橡木桶中化合物的独特效果而变得
更加柔和，口感更加成熟。饮用时
可以感觉到梅子的鲜甜更加浓缩，
余味也更持久。

味觉图表				
酸味	▶强	●◀		弱
甜味	▶甜	●◀		辣
香味	▶浓	●◀		淡
黏稠度	▶黏稠	●◀		清爽

大川木下62番

山梨县甲府市
SHATO—酒
折酿酒厂

☎ :055-227-0511

梅子的产地和品种/东京都青梅产梅乡　所选用的基酒/白干儿
容量/720 mL　酒精浓度/14度
购买方式/WEB、酒铺
咨询梅酒酒铺/06-6925-8240

这款酒的名字取自有着"青梅的梅酒制作大师"之称
的大川HANA老师于1962年所泡制的原酒。这款复
古风格的梅酒经酿酒厂的批量生产,终于作为一个
品牌诞生了。其浓厚的香气持久不散,独特而又复杂
的味道残留在舌尖令人难忘。

推荐的饮用方式		味觉图表
☑ 直接饮用	□ 加冰	
□ 兑水	□ 兑热水	
□ 兑苏打水	□ 其他	

味觉图表

酸味 ▶强	●——|——|——|——| 弱
甜味 □甜	|——|——●——|——| 辣
香味 □浓	|——●——|——|——| 淡
黏稠度 ▶黏稠	●——|——|——|——| 清爽

推荐的饮用
方式

☑ 直接饮用
☑ 加冰
□ 兑水
□ 兑热水
□ 兑苏打水
□ 其他

花小枝

☎ :0774-52-0003
FAX :0774-55-5552

梅子的产地和品种/
京都府青谷梅林产城州白
所选用的基酒/酿造酒
容量/720 mL
酒精浓度/16度
购买方式/TEL、FAX、WEB、酒铺

京都府青
城阳市
城阳造酒

京都府的梅之乡城阳市青谷梅林所出
产的城州白属于梅中的稀有品种,本品
是只使用了这种梅子的奢侈梅酒。历时
3年,静待其完全发酵,最终获得琥珀
色的梅酒,这款梅酒完美呈现了城州白
香气扑鼻的特征。因为控制了甜度,使
得这款梅酒更加清爽,口感高贵。

味觉图表

酸味 ▶强	|——|——|——●——| 弱
甜味 ▶甜	|——|——●——|——| 辣
香味 ▶浓	|——●——|——|——| 淡
黏稠度 ▶黏稠	●——|——|——|——| 清爽

东京都
涩谷区
麒麟啤酒

麒麟丰润梅酒 选

☎ :03-6734-9774

梅子的产地和品种/大青梅
所选用的基酒/酿造酒
容量/720 mL
酒精浓度/11度
购买方式/酒铺

只使用梅核浸泡是麒麟啤酒独创的"丰
润种子发酵法",使用这种方法制造的
"丰润梅酒系列"中的一种就是"丰润
梅酒 选"。以一般的"丰润梅酒"制法
为基础,选用3年窖藏的陈酒,再配以黑
糖加工而成,成品的香气更加奢华,口
感更加丰富,味道更加浓郁。是一款让
人喝不腻的美味梅酒。

推荐的饮用方式		
□ 直接饮用	☑ 加冰	
□ 兑水	□ 兑热水	
□ 兑苏打水	□ 其他	

味觉图表

酸味 ▶强	|——|——|——●——| 弱
甜味 ▶甜	|——|——●——|——| 辣
香味 ▶浓	|——●——|——|——| 淡
黏稠度 ▶黏稠	|——●——|——|——| 清爽

星舍藏
无添加　黑糖梅酒

推荐的饮用方式
☑ 直接饮用
☑ 加冰
☐ 兑水
☐ 兑热水
☑ 兑苏打水
☐ 其他

> 鹿儿岛县
> 鹿儿岛市
> 本坊造酒

☎：099-822-7003
FAX：099-210-1215

梅子的产地和品种/日本产梅　所选用的基酒/酿造酒
容量/720 mL　酒精浓度/14度
购买方式/TEL、FAX、WEB、酒铺

使用了碱性健康食品的黑糖，再配上精心挑选的梅子制作的一款梅酒，味道和色泽极具深度。未添加香精、着色剂、酸味剂等任何人工添加剂的用心也让人欣喜。就像是自家泡制的梅酒一般，有着放心的味道。

味觉图表

酸味	▶强	—●—	弱
甜味	▶甜	—●—	辣
香味	▶浓	—●—	淡
黏稠度	▶黏稠	—●—	清爽

南高梅的
特色梅酒

> 大分县
> 日田市大山町
> 大山
> 梦工房

☎：0973-52-3000
FAX：0973-52-3344

梅子的产地和品种/大分县日田市大山町产南高
所选用的基酒/酿造酒　容量/720 mL
酒精浓度/14度　购买方式/TEL、FAX、WEB、酒铺

选用充分沐浴了大分县西部日照的南高梅，经过3年的漫长时间静其发酵的梅酒。成品的酸味、甜味、香味的平衡恰到好处，整体呈现出清爽的口感。饮用时口感顺滑，即便每天饮用也不会觉得腻。

味觉图表				**推荐的饮用方式**
酸味	▶强	—●—	弱	☐ 直接饮用　☑ 加冰
甜味	▶甜	—●—	辣	☐ 兑水　☐ 兑热水
香味	▶浓	—●—	淡	☐ 兑苏打水　☐ 其他
黏稠度	▶黏稠	—●—	清爽	

桶装高级梅酒　梦之回响

推荐的饮用方式
☐ 直接饮用
☑ 加冰
☐ 兑水
☐ 兑热水
☐ 兑苏打水
☐ 其他

> 大分县
> 日田市大山町
> 大山
> 梦工房

Ume Liqueur
Yumehibiki
ゆめひびき
Japanese Apricot
熟成
リキュール

☎：0973-52-3000
FAX：0973-52-3344

梅子的产地和品种/大分县日田市大山町产莺宿
所选用的基酒/酿造酒　容量/500 mL
酒精浓度/20度　购买方式/TEL、FAX、WEB、酒铺

选用了九州一大梅产地——大山町产的莺宿梅泡制，并将发酵了3年的梅酒装入原本盛放高级威士忌的橡木桶中储藏，进行催熟处理。梅酒本身的芳醇香气受到了威士忌酒桶中化合物的影响，从而产生出了不一样的味道。最终成品的味道浓厚，让人获得奢侈的享受。

味觉图表

酸味	▶强	—●—	弱
甜味	▶甜	—●—	辣
香味	▶浓	—●—	淡
黏稠度	▶黏稠	—●—	清爽

黑糖梅酒

> 白干儿＆酿造酒为基酒
>
> 严格挑选的目录

071

神奈川县
足柄下郡
强罗花坛

推荐的饮用
方式

☑ 直接饮用
☑ 加冰
☐ 兑水
☐ 兑热水
☐ 兑苏打水
☐ 其他

强罗花坛
特选梅酒

☎:0460-82-3360
FAX:0460-82-3334

梅子的产地和品种/纪州产南高
所选用的基酒/酿造酒
容量/700 mL
酒精浓度/13度
购买方式/TEL、FAX、WEB

由地处箱根的高级旅馆"强罗花坛"
制作,是一款作为餐前酒被推出的特
质梅酒。只需品上一小口便会为其芳
醇且浓厚的梅香所折服。这款珍贵的
梅酒除了可以在强罗花坛中的商店里
购买以外,还可以通过WEB购买。

味觉图表			
酸味 ▶强	●———————		弱
甜味 ▶甜	———●———		辣
香味 ▶浓	——●———		淡
黏稠度 ▶黏稠	——●———		清爽

推荐的饮用
方式

☐ 直接饮用
☑ 加冰
☐ 兑水
☐ 兑热水
☑ 兑苏打水
☐ 其他

大分县
日田市大山町
**大山
梦工房**

日本红茶梅酒 KUREHAROWAIYARU
嬉野格雷伯爵茶

☎:0973-52-3000

梅子的产地和品种/大分县日田市大山町产茑宿
所选用的基酒/酿造酒 容量/500 mL
酒精浓度/14度 购买方式/WEB、酒铺

由日本红茶调制专家冈本启先生监
制,使用了佐贺县嬉野产的无农药
茶叶和大分县大山町出品的茑宿梅
所制作的红茶梅酒。这是一款调和
了红茶的优雅香气与梅子特有的酸
味的特殊梅酒。加冰以后饮用是一
个不错的选择,或者兑入一些苏打
水会更感爽口。

味觉图表			
酸味 ▶强	——————●—		弱
甜味 ▶甜	———●———		辣
香味 ▶浓	——————●—		淡
黏稠度 ▶黏稠	——————●—		清爽

天女之梦

☎:0973-52-3000
FAX:0973-52-3344

梅子的产地和品种/大分县日田市大山町产莺宿
所选用的基酒/酿造酒　容量/500 mL
酒精浓度/16度　购买方式/TEL、FAX、WEB、酒铺

这是一款经过1年~1年半时间发酵的梅酒，使用了当地大山町产的莺宿梅，酒香中充满了梅子的果香，梅子的味道被完全浓缩于了酒中。饮用时，口感顺滑，甜味恰到好处，是一款十分容易入口的梅酒，虽然容易入口，但酒精浓度也比较高。

味觉图表							推荐的饮用方式
酸味	▶强					弱	☐ 直接饮用　☑ 加冰
甜味	▶甜					辣	☐ 兑水　☐ 兑热水
香味	▶浓					淡	☐ 兑苏打水　☐ 其他
黏稠度	▶黏稠					清爽	

大分县
日田市大山町
大神
梦工房

鹤梅
全熟浊酒

和歌山县
海南市
平和造酒

☎:073-487-0189

梅子的产地和品种/和歌山县产南高
所选用的基酒/酿造酒
容量/720 mL
酒精浓度/10度
购买方式/酒铺

选用了和歌山县产的全熟南高梅，将果肉腌渍于酒中，最终形成了独特的黏稠口感。另外在充满梅子特有的甜味和香气的酒中又加入了桃肉酶，从而使得水果的甜味更上一层楼，诞生出味道丰富的美味梅酒。只需喝上一口便可以感受到幸福感，因此更推荐直接饮用。

推荐的饮用方式	
☑ 直接饮用	☐ 加冰
☐ 兑水	☐ 兑热水
☐ 兑苏打水	☐ 其他

味觉图表						
酸味	▶强					弱
甜味	▶甜					辣
香味	▶浓					淡
黏稠度	▶黏稠					清爽

日本红茶梅酒
KUREHAROWAIYARU
德之岛
盐味奶糖

大分县
日田市大山町
大山
梦工房

☎:0973-52-3000

梅子的产地和品种/大分县日田市大山町产莺宿　所选用的基酒/酿造酒
容量/500 mL
酒精浓度/12度
购买方式/WEB、酒铺

在大分县大山町产的梅酒中加入红茶专卖店"CREHA"特制的奶茶，并配以佐贺县出品的海盐，以及德之岛特产直火熬制的纯黑糖，最终才得到这款风味独特、层次丰富的红茶梅酒。奶糖特有的香味，黑糖醇厚的甜味，以及梅子清爽的酸味相和，形成了绝妙的口味。

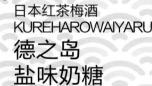

推荐的饮用方式		
☐ 直接饮用	☑ 加冰	
☐ 兑水	☐ 兑热水	
☐ 兑苏打水	☐ 其他	

味觉图表						
酸味	▶强					弱
甜味	▶甜					辣
香味	▶浓					淡
黏稠度	▶黏稠					清爽

白干儿&酿造酒为基酒

严格挑选的目录

熊野传说

☎：0739-47-2895

梅子的产地和品种/和歌山县产全熟南高
所选用的基酒/酿造酒
容量/720 mL
酒精浓度/13度
购买方式/酒铺

这款梅酒使用了和歌山县产的全熟南高
梅，经过3年以上的时间静待其发酵，是
一款香气扑鼻的梅酒。从中你可以感受
到成熟梅子所独有的特别香味，而经历
了3年的时间又使得它的口感更加黏稠高
雅。又因为使用了清流富田川的地下水，
所以完全不需要添加防腐剂等添加剂。

味觉图表						
酸味	▶强	├──┼──●──┼──┤	弱
甜味	▶甜	├──●──┼──┼──┤	辣
香味	▶浓	├──●──┼──┼──┤	淡
黏稠度	▶黏稠	●──┼──┼──┼──┤	清爽

推荐的饮用方式
☑ 直接饮用
☑ 加冰
☐ 兑水
☐ 兑热水
☐ 兑苏打水
☐ 其他

梅酒利口酒"aya"

☎：0739-47-2895

梅子的产地和品种/和歌山县产南高
所选用的基酒/酿造酒 容量/500 mL
酒精浓度/13度 购买方式/WEB

这款"aya"与同一公司出品的另一品牌"熊野梅酒"
（720 mL）相比，糖分降低了40%，因此口感更加柔
和，味道更加淡雅，是一款色泽更加通透的梅酒。可
以同时享受到清淡的口感与和歌山县产的南高梅的果
肉味道。因为有着类似鸡尾酒的口感，所以推荐给女
性或者是不擅长饮酒的人。

味觉图表			
酸味	▶强	├──┼──●──┼──┤	弱
甜味	▶甜	├──●──┼──┼──┤	辣
香味	▶浓	├──┼──●──┼──┤	淡
黏稠度	▶黏稠	├──┼──┼──┼──┤	清爽

推荐的饮用方式
☑ 直接饮用　☑ 加冰
☐ 兑水　☐ 兑热水
☐ 兑苏打水　☐ 其他

推荐的饮用方式
☐ 直接饮用
☑ 加冰
☐ 兑水
☐ 兑热水
☐ 兑苏打水
☐ 其他

日本红茶梅酒 KUREHAROWAIYARU
宫崎糖渍栗子

☎：0973-52-3000

梅子的产地和品种/大分县日田市大山町产莺宿
所选用的基酒/酿造酒 容量/500 mL
酒精浓度/12度 购买方式/WEB、酒铺

在选用大分县大山町产的莺宿梅泡
制的梅酒中，加入了宫崎县当地产
的红茶和栗子，成为日本最初的烤
栗子风味的红茶梅酒。梅酒中带着
糖渍栗子的香甜气息，和梅子的酸
味组成了绝妙的搭配。独特的风味
适合加入冰块后饮用。

大分县
日田市大山町
大山
梦工房

味觉图表			
酸味	▶强	├──┼──┼──●──┤	弱
甜味	▶甜	├──●──┼──┼──┤	辣
香味	▶浓	├──●──┼──┼──┤	淡
黏稠度	▶黏稠	├──●──┼──┼──┤	清爽

梅KASUGA
万上浊梅酒

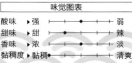

东京都港区
龟甲万
食品

☎:0120-120-358

梅子的产地和品种/白加贺、其他
所选用的基酒/酿造酒 容量/500 mL
酒精浓度/13度 购买方式/WEB、酒铺、批发店

这款色泽金黄的梅酒选用了果肉厚实、果汁充足的白加贺梅制作，它是日本自古以来便流传下来的品种。捣碎的日本产梅枘被加入到酒中，使得梅酒充满了果香。其甜腻黏稠的口感一旦习惯以后就再也难以割舍。饱含梅肉、果味十足的一款梅酒，特别适合女性口味。

味觉图表		
酸味 ▶强	━━━╋━━━	弱
甜味 ▶甜	━━╋━━━━	辣
香味 ▶浓	━━╋━━━━	淡
黏稠度 ▶黏稠	╋━━━━━	清爽

推荐的饮用方式

☑直接饮用
☑加水
□兑水
☑兑热水
☑兑苏打水
□其他

白干儿＆酿造酒为基酒

严格挑选的目录

和歌山县
西牟娄郡
PLUM食品

熊野霞

☎:0739-47-2895
FAX:0739-47-0867

梅子的产地和品种/和歌山县产南高
所选用的基酒/酿造酒 容量/720 mL
酒精浓度/8度 购买方式/TEL、FAX、WEB

将全熟梅子的果泥混合其中，从而得到了梅子味更加浓醇的梅酒。不但水果风味十足，这款梅酒的制造工序中还加入了白兰地，使得整体的余味更加圆润，易于入口。这款梅酒的整体感觉会比普通梅酒要甜一些，也浓稠一些，不过酒精浓度被控制在了8度。

味觉图表		
酸味 ▶强	━━━╋━━	弱
甜味 ▶甜	━━╋━━━	辣
香味 ▶浓	━╋━━━━	淡
黏稠度 ▶黏稠	╋━━━━━	清爽

推荐的饮用方式

☑直接饮用 □加水
□兑水 □兑热水
□兑苏打水 □其他

其他基酒＆个性派

使用味淋制作的梅酒，果冻状的梅酒等，以及使用一些特殊风味的酒为基酒的梅酒，还有那些给人华丽印象的发泡类梅酒，将会在这个篇章里一并介绍。

佐贺县
伊万里市
松浦一造酒

① Prune南高梅

☎：0955-28-0123
FAX：0955-28-1455
梅子的产地和品种/佐贺县伊万里市产南高
所选用的基酒/日本酒（杂酒）（杂酒是指日本税法中不属于清酒、合成清酒、烧酒、味淋、威士忌、烈性酒、利口酒的酒）
容量/720 mL　酒精浓度/12度
购买方式/TEL、FAX、WEB、酒铺

推荐的饮用方式
☑ 直接饮用
☑ 加冰
☑ 兑水
☑ 兑热水
☑ 兑苏打水
☐ 其他

这是一款将充分沐浴了佐贺县伊万里的阳光的全熟南高梅，精心浸泡于酒精浓度高的甜口"松浦黄金麦芽酒"中所制成的梅酒。因为梅子浸出物含量很高，所以不论是用冷水还是热水稀释都不会影响它的风味，可以慢慢享用。

味觉图表

酸味	▶强	●━━━━━━	弱
甜味	▶甜	━━●━━━━	辣
香味	▶浓	━━━●━━━	淡
黏稠度	▶黏稠	━━━━━●━	清爽

兵库县丹波市
西山
造酒厂

② 泡梅

☎：0795-86-0331
FAX：0795-86-0202
梅子的产地和品种/和歌山县产南高、福井产三方五湖
所选用的基酒/清酒、酿造酒
容量/250 mL
酒精浓度/5度
购买方式/TEL、FAX、WEB、酒铺

推荐的饮用方式
☑ 直接饮用
☑ 加冰
☐ 兑水
☐ 兑热水
☐ 兑苏打水
☐ 其他

含一口泡梅在口中，感受着它在口腔中跳舞的感觉，实在是一件惬意的事情，这是一款香槟一样的梅酒。这款梅酒口味清淡，酒精浓度也比较低。即使是平时不能饮酒的人也可以轻松地饮用。因为是小瓶装，所以可以一次喝完，价格也十分合理。

味觉图表

酸味	▶强	●━━━━━━	弱
甜味	▶甜	━━●━━━━	辣
香味	▶浓	━━━●━━━	淡
黏稠度	▶黏稠	━━━━━●━	清爽

岐阜县
加茂郡

白扇造酒

③ 福来纯 梅美淋

☎ :0120-873-976
FAX :0120-873-724

梅子的产地和品种 /和歌山县产南高
所选用的基酒 /味淋　容量 /720 mL
酒精浓度 /10 度　购买方式 /TEL、FAX、WEB

味觉图表			
酸味　▶强	├──┼──┼──●──┤	弱
甜味　▶甜	●──┼──┼──┼──┤	辣
香味　▶浓	├──┼──●──┼──┤	淡
黏稠度▶黏稠	●──┼──┼──┼──┤	清爽

推荐的饮用方式	
☐ 直接饮用	☑ 加冰
☑ 兑水	☐ 兑热水
☑ 兑苏打水	☐ 其他

白扇造酒的福来纯只选用 3 年发酵的味淋，并使用和歌山县产南高梅浸泡而成，是一款充满奢侈感的美酒。活用了味淋本身的味道，不使用任何糖类（如砂糖）制作而成，其充满天然感觉的甜味让人难忘。除了适合加冰、兑水，兑入苏打水也是一个不错的选择。

其他基酒&个性派

兵库县
丹波市
西山造酒厂

④ 泡梅上

☎:0795-86-0331
FAX:0795-86-0202

梅子的产地和品种/和歌山县产南高、福井县产三方五湖所选用的基酒/清酒、酿造酒、白葡萄酒
容量/720 mL
酒精浓度/13度
购买方式/TEL、FAX、WEB、酒铺

推荐的饮用方式	
☑	直接饮用
☑	加水
☐	兑水
☐	兑热水
☐	兑苏打水
☐	其他

本款梅酒曾经荣获2010年天满天神梅酒大会第3名。是在以日本酒为基酒的梅酒中加入了白葡萄酒的梅子风味的香槟。恰到好处的起泡感与柔和的风味形成了绝妙的搭配，可以轻松地饮用。如果带去聚会场合，一定会大受欢迎。

味觉图表

酸味	▶强	├─┼─┼─┼─◆─┤	弱
甜味	▶甜	├─┼─◆─┼─┼─┤	辣
香味	▶浓	├─┼─◆─┼─┼─┤	淡
黏稠度	▶黏稠	├─┼─┼─◆─┼─┤	清爽

兵库县
伊丹市
小西造酒

⑤ 白雪 梅Shuwari

☎:072-773-1524

梅子的产地和品种/和歌山县产南高
所选用的基酒/出窖原酒
容量/210 mL
酒精浓度/3度
购买方式/WEB、酒铺

推荐的饮用方式	
☑	直接饮用
☐	加水
☐	兑水
☐	兑热水
☐	兑苏打水
☐	其他

这款梅酒使用了日本酒作为基酒，并且大方地加入了25%的果汁。果汁100%使用了纪州产的梅子，而梅酒中浸泡的梅子选用的是纪州产南高。因为梅酒本身就有着柔和的微碳酸口感，所以十分适合当作餐后饮品直接饮用。特别推荐不擅长喝酒的人群选用。

味觉图表

酸味	▶强	├─┼─┼─┼─◆─┤	弱
甜味	▶甜	├─┼─┼─◆─┼─┤	辣
香味	▶浓	├─┼─┼─◆─┼─┤	淡
黏稠度	▶黏稠	├─┼─┼─┼─◆─┤	清爽

茨城县
那珂市
木内造酒

福冈县
久留米市
池龟造酒

⑥ **木内梅酒**

摇起来一晃一晃的
⑦ **果冻梅酒**

☎:029-298-0105
FAX:029-295-4580

梅子的产地和品种/日本产梅
所选用的基酒/同酒厂酿造的烈性酒
容量/500 mL
酒精浓度/14.5度
购买方式/TEL、FAX、WEB、酒铺

推荐的饮用方式
□ 直接饮用
☑ 加冰
□ 兑水
□ 兑热水
☑ 兑苏打水
□ 其他

木内梅酒所选用的基酒是曾经获得世界冠军的常陆野NESUTOHOWAITOE-RU所蒸馏而成的烈性酒，而这也正是这款梅酒的真面目所在。酒中啤酒花特有的清爽香气以及淡淡的甜味，与梅酒自身的酸味完美地调和在了一起，更好地衬托出了优质日本产梅的风味。

味觉图表		
酸味	▶强 ├─┼─●─┤	弱
甜味	▶甜 ├─●─┼─┤	辣
香味	▶浓 ├─●─┼─┤	淡
黏稠度	▶黏稠 ├─┼─┼─▶	清爽

☎:0942-64-3101
FAX:0942-64-2929

梅子的产地和品种/大分县产南高
所选用的基酒/米烧酒
容量/500 mL
酒精浓度/8度
购买方式/TEL、FAX、酒铺

推荐的饮用方式
☑ 直接饮用
□ 加冰
□ 兑水
□ 兑热水
□ 兑苏打水
□ 其他

全日本最先登场的，有着啫喱状甜点口感的梅酒。拿起瓶身轻轻晃动，你会发现瓶中的梅酒像果冻一样晃动着，十分特别。这款特别的梅酒使用了大分县大山町产的全熟南高梅，它有着桃子一样的果香。将其倒入高透明度的玻璃杯中，只是用眼睛就可以感受到它带来的清凉感觉。

味觉图表		
酸味	▶强 ├─┼─●─┤	弱
甜味	▶甜 ├─●─┼─┤	辣
香味	▶浓 ├─●─┼─┤	淡
黏稠度	▶黏稠 ●─┼─┼─┤	清爽

曾听人说，『即使是不喜欢日本酒的人也可以接受以日本酒为基酒所制成的梅酒』，梅酒有着将日本酒特有的味道和香气变得柔和的效果，并且有很多容易入口的品种。

杂贺梅酒

☎:0736-69-5980
梅子的产地和品种/和歌山县产古城、南高等
所选用的基酒/日本酒
容量/720 mL
酒精浓度/11度
购买方式/当地酒类专营店

和歌山县
岩出市
九重杂贺

这款梅酒中使用了为制作梅酒专门酿造的日本酒，并以一定的比例搭配选用了和歌山县产的古城梅、南高梅等梅子。将梅酒含在口中，便可以感受到梅子酸味带来的爽快感觉在口腔中扩散。加冰饮用似乎是这款梅酒不二的选择，因为这样更能感受到它的味道和香气的变化。

推荐的饮用方式
☐ 直接饮用
☑ 加冰
☐ 兑水
☐ 兑热水
☐ 兑苏打水
☐ 其他

味觉图表		
酸味 ▶强	├──●──┼──┼──┤	弱
甜味 ▶甜	├──┼──●──┼──┤	辣
香味 ▶浓	├──┼──┼──┼──●┤	淡
黏稠度 ▶黏稠	├──┼──┼──●──┤	清爽

奈良县
葛城市
梅乃宿

梅乃宿的梅酒

☎:0745-69-2121
FAX:0745-69-2122
梅子的产地和品种/奈良县西吉野产南高　所选用的基酒/日本酒
容量/720 mL　酒精浓度/12度
购买方式/TEL、FAX、WEB、酒铺

在梅乃宿的日本酒中精心浸泡奈良县西吉野所采摘的全熟南高梅，从而制成了这款梅酒。梅酒中饱含着日本酒独有的厚度。爽快的口感使得甜味和香味更加鲜明，它带来的畅快的感觉使之成为一款特别适合搭配菜肴饮用的梅酒。

味觉图表		
酸味 ▶强	├──┼──┼──●──┤	弱
甜味 ▶甜	├──┼──●──┼──┤	辣
香味 ▶浓	├──┼──●──┼──┤	淡
黏稠度 ▶黏稠	├──┼──┼──┼──●┤	清爽

推荐的饮用方式	
☑ 直接饮用	☑ 加冰
☐ 兑水	☐ 兑热水
☐ 兑苏打水	☐ 其他

基峰鹤 梅音

☎:0942-92-2300　FAX:0942-92-0181

梅子的产地和品种/佐贺县产梅
所选用的基酒/日本酒　容量/720 mL
酒精浓度/14.2度　购买方式/FAX

梅音所使用的基酒是酿酒师们用心血酿造的日本酒。在日本酒中又加入了佐贺县产的优质梅子，精心浸泡，才有了这款梅音。美味的日本酒配上清爽的梅子，形成了绝妙的高雅风味。

推荐的饮用方式

- ☑ 直接饮用
- ☑ 加冰
- ☐ 兑水
- ☐ 兑热水
- ☑ 兑苏打水
- ☑ 其他

佐贺县
三养基郡
基山商店

味觉图表

酸味	▶强					弱
甜味	甜					辣
香味	▶浓					淡
黏稠度	▶黏稠					清爽

大杯梅酒

☎:027-378-2011
FAX:027-378-3954

梅子的产地和品种/群马县产白加贺
所选用的基酒/日本酒　容量/720 mL
酒精浓度/13度　购买方式/TEL、FAX

使用了日本东部第一的梅产地群马县榛名梅林所采摘的梅子。基酒则是选用全日本新酒品鉴会上经常荣获金奖的日本酒"大杯"。该酒香气浓郁，充满了浓缩梅子浸出物的美味。为了更好地发挥日本酒的味道，在甜度上稍微做了控制。

群马县
高崎市
牧野造酒

味觉图表

酸味	▶强					弱
甜味	甜					辣
香味	▶浓					淡
黏稠度	黏稠					清爽

推荐的饮用方式

- ☑ 直接饮用　☑ 加冰
- ☑ 兑水　☐ 兑热水
- ☑ 兑苏打水　☐ 其他

生酛梅酒（特极品）

☎:0243-23-0007　FAX:0243-23-0008

梅子的产地和品种/和歌山县产南高（4 L大小）
所选用的基酒/纯米大吟酿"箕轮门"
容量/720 mL　酒精浓度/11度
购买方式/因为是限定品，所以需要事先咨询

遵循日本酒的传统酿造方法，使用生酛酿造法酿造的纯米大吟酿"箕轮门"是本款梅酒的基酒。浸泡于基酒中的是和歌山县产的南高梅。为更好地发挥大吟酿的纤细口感，在制作过程中需要十分注意浸泡期间的环境温度。梅和米交织成了别具一格的细腻味道。

推荐的饮用方式

- ☑ 直接饮用
- ☐ 加冰
- ☐ 兑水
- ☐ 兑热水
- ☐ 兑苏打水
- ☐ 其他

福岛县
二本松市
大七造酒

味觉图表

酸味	▶强					弱
甜味	▶甜					辣
香味	▶浓					淡
黏稠度	▶黏稠					清爽

大信州梅酒
香梅吟撰制成

长野县
松本市
大信州酿造

☎：0263-47-0895
梅子的产地和品种/群马县榛名山麓、契约栽培南高
所选用的基酒/吟酿酒和酿造酒混合　容量/720 mL
酒精浓度/14度　购买方式/酒铺、百货店

将手工采摘的全熟南高梅，浸泡在吟酿酒和酿造酒的
混合基酒中所泡制而成的梅酒。因为使用了新鲜度十
足的梅子，所以香气和酸味都十分明显。余味也清爽
明快。兑入水或者苏打水的时候会立刻感受到梅香四
溢，可以很好地享受到梅酒的美味。

味觉图表		
酸味　▶强	├─┼─┼─┼─┤	弱
甜味　▶甜	├─┼─┼─┼─┤	辣
香味　▶浓	├─┼─┼─┼─┤	淡
黏稠度▶黏稠	├─┼─┼─┼─┤	清爽

推荐的饮用方式	
□ 直接饮用	☑ 加冰
☑ 兑水	□ 兑热水
☑ 兑苏打水	□ 其他

东京都
青梅市
小泽造酒

和歌山县
海南市
平和造酒

鹤梅酸

☎：073-487-0189
梅子的产地和品种/和歌山县产南高
所选用的基酒/日本酒
容量/720 mL
酒精浓度/11度
购买方式/酒铺

这款梅酒如同它的名字，是一款特别酸
的梅酒。在日本酒的基酒中大方地加入
了普通梅酒3~4倍的梅子浸泡，因此诞生
出了比一般梅酒要高得多的酸味。这款
梅酒中梅子的香气浓郁，一点不输给作
为基酒的日本酒，因此就算是不喜欢日
本酒的人也可以很轻松地接受。

推荐的饮用方式	
□ 直接饮用	☑ 加冰
□ 兑水	□ 兑热水
□ 兑苏打水	□ 其他

味觉图表		
酸味　▶强	├─┼─┼─┼─┤	弱
甜味　▶甜	├─┼─┼─┼─┤	辣
香味　▶浓	├─┼─┼─┼─┤	淡
黏稠度▶黏稠	├─┼─┼─┼─┤	清爽

推荐的饮用方式	
☑ 直接饮用	
☑ 加冰	
□ 兑水	
□ 兑热水	
□ 兑苏打水	
□ 其他	

泽乃井
梅酒PURARI

☎：0428-78-8215
FAX：0428-78-8195
梅子的产地和品种/东京都青梅市产梅
所选用的基酒/日本酒
容量/720 mL
酒精浓度/11度
购买方式/TEL、FAX、WEB、酒铺

在地处东京都青梅市的小泽造酒所酿造的
日本酒中浸入同样是青梅市产的梅子，最
终制成了这款梅酒。甜度得到了一定的控
制，并且有着优良的口感，另外梅子清爽
的酸味也十分突出，是一款不可多得的梅
酒。获得了东京都地域特产商品的认证，
是一款不错的"东京手信"。

味觉图表		
酸味　▶强	├─┼─┼─┼─┤	弱
甜味　▶甜	├─┼─┼─┼─┤	辣
香味　▶浓	├─┼─┼─┼─┤	淡
黏稠度▶黏稠	├─┼─┼─┼─┤	清爽

梅酒

推荐的饮用方式

- ☑ 直接饮用
- □ 加冰
- □ 兑水
- □ 兑热水
- □ 兑苏打水
- □ 其他

☎:0854-32-2258　FAX:0854-32-2267

梅子的产地和品种/岛根县产野花丰后　所选用的基酒/日本酒　容量/720 mL
酒精浓度/11度　购买方式/TEL、FAX、酒铺

这是曾经在15年间获得11次全日本新酒品鉴大会金奖的酿酒厂所制作的梅酒。其中日本酒的香气明显,含在口中又可以感受到梅的清爽香味和酸味。甜味被极力控制,所以是不喜欢甜酒的人也会忍不住说"好喝"的辛口梅酒。

味觉图表

酸味	▶强	—————————	弱
甜味	▶甜	—————————	辣
香味	▶浓	—————————	淡
黏稠度	▶黏稠	—————————	清爽

繁枡 纯米梅酒

☎:0943-23-5101
FAX:0943-22-2344

梅子的产地和品种/福冈县八女市产玉英
所选用的基酒/纯米酒　容量/720 mL
酒精浓度/9度　购买方式/TEL、FAX、WEB、酒铺

这款梅酒选用繁枡引以为傲的纯米酒为基酒,梅子则是使用了福冈县八女市产的玉英。细腻柔和的口感是这款梅酒的特征,梅子的酸味和纯米酒的甘甜形成了绝妙的组合。因为有着绝妙的配比,所以适合各种饮用方法。

味觉图表

酸味	▶强	—————————	弱
甜味	▶甜	—————————	辣
香味	▶浓	—————————	淡
黏稠度	▶黏稠	—————————	清爽

推荐的饮用方式

- ☑ 直接饮用　☑ 加冰
- ☑ 兑水　☑ 兑热水
- □ 兑苏打水　□ 其他

粗滤梅酒

推荐的饮用方式

- □ 直接饮用
- ☑ 加冰
- □ 兑水
- □ 兑热水
- □ 兑苏打水
- □ 其他

☎:0745-69-2121
FAX:0745-69-2122

梅子的产地和品种/奈良县西吉野产南高
所选用的基酒/日本酒　容量/720 mL
酒精浓度/12度　购买方式/TEL、FAX、WEB、酒铺

以创立超过100年的奈良县的酿酒厂梅乃宿所酿造的日本酒作为基酒,加入了大量糊状的腌梅,从而给这款梅酒带来了丰富的水果香气。黏稠的浓厚口感,配上较高的甜度,饮用起来更像是在品尝一道餐后甜点。

味觉图表

酸味	▶强	—————————	弱
甜味	▶甜	—————————	辣
香味	▶浓	—————————	淡
黏稠度	▶黏稠	—————————	清爽

DENBEE梅酒

福冈县
久留米市
（资）若竹屋
造酒厂

☎:0943-72-2175　　FAX:0943-72-3698

梅子的产地和品种/和歌山县产古城
所选用的基酒/纯米原酒　容量/720 mL
酒精浓度/13度　购买方式/TEL、FAX、酒铺

以可以很好地感受到米香而闻名的
纯米原酒为基酒，配以酸味鲜明的
和歌山县产"古城梅"，泡制出辛
口的梅酒。虽然加冰是一个不错的
选择，但是如果稍微烫一下，酒中
的梅香会更加明显，米的美味和梅
子的甜味会结合得更加深厚。

推荐的饮用方式

☑ 直接饮用
☑ 加冰
☐ 兑水
☐ 兑热水
☑ 兑苏打水
☑ 其他

味觉图表		
酸味 ▶强		弱
甜味 ▶甜		辣
香味 ▶浓		淡
黏稠度 ▶黏稠		清爽

梅花音

岩手县
盛冈市
朝开

☎:019-652-3111
FAX:019-624-4303

梅子的产地和品种/和歌山县产南高
所选用的基酒/纯米酒　容量/500 mL
酒精浓度/12～13度　购买方式/TEL、FAX、WEB、酒铺

水是被选为平成100处名水之一的"大慈清水"，基
酒是特别适合酿造梅酒的梅酒专用纯米酒，二者结合
酿造成了这款梅酒。将纪州产的南高梅使用砂糖腌制
两三个月之后，将黏稠的梅子浸出物加入酒中混合。
饮用时，给人口感清爽、余味柔和的感觉。

味觉图表		
酸味 ▶强		弱
甜味 ▶甜		辣
香味 ▶浓		淡
黏稠度▶黏稠		清爽

推荐的饮用方式

☑ 直接饮用	☑ 加冰
☐ 兑水	☐ 兑热水
☐ 兑苏打水	☐ 其他

黄樱梅酒 京美人

京都府
京都市
黄樱

☎:075-611-4101

梅子的产地和品种/京都府青谷产青梅
所选用的基酒/清酒　容量/300 mL
酒精浓度/10度　购买方式/酒铺

京都著名的"伏水"酿制的清酒，
配上京都府青谷梅林产的青梅，最
终制成这款梅酒京美人。口感如同
名字一般雍容华贵，柔和圆润，因
为酒精浓度较低，所以完全可以直
接饮用。其高雅的甜味深受女性消
费者的欢迎。

推荐的饮用方式

☑ 直接饮用
☑ 加冰
☑ 兑水
☐ 兑热水
☐ 兑苏打水
☐ 其他

味觉图表		
酸味 ▶强		弱
甜味 ▶甜		辣
香味 ▶浓		淡
黏稠度 ▶黏稠		清爽

宮城县
大崎市
一之藏

一之藏
姬膳Ume

☎:0229-55-3322

梅子的产地和品种/宫城县藏王手工采摘
白加贺
所选用的基酒/日本酒
容量/720 mL
酒精浓度/8度　购买方式/酒铺

以宫城县的米和水所酿造的清澈透亮的日
本酒"姬膳Sweet"作为这款梅酒的基酒，
再选取手工采摘的藏王产的白加贺，最终
制成这款甜度十足的梅酒。梅子在手工采
摘之后，会经过一道催热的过程，使其变
为香气更为丰富的黄熟梅子。推荐直接饮
用，细细品尝。（季节限定商品）

推荐的饮用方式

☑ 直接饮用
□ 加冰
□ 兑水
□ 兑热水
□ 兑苏打水
□ 其他

味觉图表		
酸味 ▶强	━━━━●━━	弱
甜味 ▶甜	━●━━━━━	辣
香味 ▶浓	━●━━━━━	淡
黏稠度 ▶黏稠	━━━●━━━	清爽

和歌山县
岩出市
九重杂贺

杂贺
黑糖梅酒

☎:0736-69-5980

梅子的产地和品种/和歌山县产古城、南高等
所选用的基酒/日本酒
容量/720 mL
购买方式/当地酒类专营店

梅酒专用的日本酒配上和歌山县产的梅
子，再加上黑糖制作而成的梅酒。黑糖
独特的香气和复杂的甜味形成了极具存
在感的味道。加冰以后细细品味，或兑
入牛奶，甚至加入冰激凌、凉粉等食物
制成一道餐后甜点也是一个不错的选择。

推荐的饮用方式

□ 直接饮用　☑ 加冰
□ 兑水　　　□ 兑热水
□ 兑苏打水　☑ 其他

味觉图表		
酸味 ▶强	━━━●━━━	弱
甜味 ▶甜	━●━━━━━	辣
香味 ▶浓	━●━━━━━	淡
黏稠度 ▶黏稠	●━━━━━━	清爽

八海山的
原酒酿制
梅酒

☎:025-775-3866
FAX:025-775-3300

梅子的产地和品种/严选全日本各地的优
质梅
所选用的基酒/日本酒
容量/1800 mL
酒精浓度/14度
购买方式/酒铺

以八海山系清澈的地下水所酿制的新泻
县名酒"八海山"的原酒作为基酒，再
加上优质的日本产梅子浸泡其中，组成
了这款相当考究的梅酒。由于稍微控制
了甜度，使得口感更加淡雅，十分适合
在用餐时饮用。冷藏以后直接饮用会更
加美味。

新潟县
南鱼沼市
八海山

推荐的饮用方式

☑ 直接饮用　□ 加冰
□ 兑水　　　□ 兑热水
□ 兑苏打水　□ 其他

味觉图表		
酸味 ▶强	━━━●━━━	弱
甜味 ▶甜	━━●━━━━	辣
香味 ▶浓	━━●━━━━	淡
黏稠度 ▶黏稠	━━━━━●━	清爽

山形县
酒田市
楯之川造酒

子宝 大吟酿梅酒

☎:0234-52-2323
梅子的产地和品种/和歌山县产南高
所选用的基酒/日本酒大吟酿 容量/720 mL
酒精浓度/13~14度 购买方式/酒铺

大吟酿"楯野川"有着吟酿特有的高贵优雅的香气，并且带有畅快的口感，以这样一款酒作为基酒，再配上南高梅浸泡，便成了本款带有奢侈感的梅酒。有着宛如香槟的细腻并拥有清爽的口感，酸甜度的平衡恰到好处。是一款于2010年荣获过第4届天满天神梅酒大会优胜奖的梅酒。

味觉图表		推荐的饮用方式	
酸味 ▶强 ——●—— 弱		☑直接饮用	☑加冰
甜味 甜 ——●—— 辣		□兑水	□兑热水
香味 ▶浓 ——●—— 淡		□兑苏打水	□其他
黏稠度 黏稠 ——●—— 清爽			

誉国光 日本酒 梅酒

群马县
利根郡
土田造酒

☎:0278-52-3511
FAX:0278-52-3513
梅子的产地和品种/群马县川场村产白加贺
所选用的基酒/日本酒
容量/720 mL
酒精浓度/11度
购买方式/TEL、FAX、WEB、酒铺

因为使用了精白米酿制的日本酒作为基酒，所以制作出来的梅酒口感更加圆润。选用群马县川场村产的白加贺的青梅和全熟梅以一定配比浸泡，梅子的果香和美味变得更加突出。有着像是甜点一样的甜度是这款梅酒的特色。

推荐的饮用方式
☑直接饮用
☑加冰
☑兑水
☑兑热水
☑兑苏打水
□其他

味觉图表	
酸味 ▶强 ——●—— 弱	
甜味 ▶甜 ——●—— 辣	
香味 ▶浓 ——●—— 淡	
黏稠度 ▶黏稠 ——●—— 清爽	

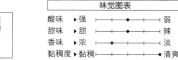

岐阜县
瑞浪市
中岛酿造

小左卫门 纯米梅酒

☎:0572-68-3151
梅子的产地和品种/红南高
所选用的基酒/纯米酒
容量/500 mL
酒精浓度/11.8度
购买方式/指定酒铺

中岛造酒返回到酿酒的原点，潜心研究并最终酿制成了限定产品——日本酒"小左卫门"。而这一款就是使用了上述纯米酒作为基酒，并且选用了红南高梅的礼品级梅酒。甜度在这款梅酒中被把握得恰到好处，日本酒的味道也得到了充分的发挥，是一款十分有品位的梅酒。

推荐的饮用方式	
☑直接饮用	□加冰
□兑水	□兑热水
□兑苏打水	□其他

味觉图表	
酸味 ▶强 ——●—— 弱	
甜味 ▶甜 ——●—— 辣	
香味 浓 ——●—— 淡	
黏稠度 ▶黏稠 ——●—— 清爽	

一本义 吟香梅

福井县胜山市
一本义久保
总店

☎:0779-87-2500
FAX:0779-87-2504

梅子的产地和品种/福井县产红映
所选用的基酒/纯米酒　容量/720 mL
酒精浓度/12度　购买方式/TEL、FAX、酒铺、其他（电子邮件）

将福井县产的红映置于酒槽中，静待梅子的浸出物析出。之后再使用同一公司酿造的纯米酒浸泡，最终制成口感柔和的梅酒。因为控制了整体的甜度，所以其中纯米酒的味道更加突出。这是一款可以轻松入口的梅酒，令人尽情饮用。

味觉图表				
酸味	▶强	├─●─┼─┼─┤	弱
甜味	▶甜	├─┼─●─┼─┤	辣
香味	▶浓	├─┼─●─┼─┤	淡
黏稠度	▶黏稠	├─┼─●─┼─┤	清爽

推荐的饮用方式	
☑直接饮用	☑加冰
□兑水	□兑热水
□兑苏打水	□其他

福冈县
久留米市
山之寿造酒

推荐的饮用方式	
☑直接饮用	
□加冰	
□兑水	
□兑热水	
☑兑苏打水	
□其他	

梅之息吹

☎:0942-78-3025

梅子的产地和品种/福冈县产梅
所选用的基酒/纯米吟酿
容量/720 mL
酒精浓度/8度
购买方式/酒铺

使用创立于江户时期的老牌酿酒厂所酿造的纯米吟酿作为基酒，再泡入当地种植的梅子所制成的梅酒。含在口中，你可以感受到其中细小的梅子颗粒，以及纯米吟酿特有的芳醇味道。因为酒精浓度较低，加上清爽的酸味以及柔和的甜味，所以特别适合在想要放松的时刻饮用。

味觉图表				
酸味	▶强	├─┼─●─┼─┤	弱
甜味	▶甜	├─┼─●─┼─┤	辣
香味	▶浓	├─●─┼─┼─┤	淡
黏稠度	▶黏稠	├─┼─●─┼─┤	清爽

福冈县
粕屋郡
小林造酒总店

梅仙人
屋久岛
TANKAN梅酒

☎:092-932-0001

梅子的产地和品种/和歌山县产梅
所选用的基酒/日本酒
容量/720 mL
酒精浓度/9度
购买方式/WEB、指定酒铺

这款梅酒中加入了大量有着浓厚柑橘味道的"屋久岛TANKAN"。细心品味，你会发现热带的酸甜感隐藏其中，而略带狂野的爽快感正适合成年人的口味。这是一款充满果香味，且让人百喝不腻的梅酒。

推荐的饮用方式	
□直接饮用	☑加水
□兑水	□兑热水
☑兑苏打水	□其他

味觉图表				
酸味	▶强	├─┼─┼─┼─●┤	弱
甜味	▶甜	├─┼─●─┼─┤	辣
香味	▶浓	●─┼─┼─┼─┤	淡
黏稠度	▶黏稠	├─┼─┼─●─┤	清爽

纪州全熟南高梅
浓梅酒

☎：0736-62-2121
梅子的产地和品种/和歌山县产全熟南高
所选用的基酒/日本酒　容量/1.8 L、720 mL
酒精浓度/13度　购买方式/指定酒铺

和歌山县
岩出市
吉村秀雄商店

本款梅酒使用静待梅子在树上成熟以后再进行采摘的全熟南高梅浸泡而成。如同名字一样，是一款加入了大量梅子果肉，有着浓厚口感的梅酒。而其浓厚程度，与其说是在饮用这款梅酒，更像是在吃固体食物。这绝对是一款可以尽情享受水果香气的好梅酒。

味觉图表		推荐的饮用方式	
酸味 ▶强├─┼─┼─●─┼─┤弱		☑直接饮用	☑加冰
甜味 ▶甜├─┼─●─┼─┼─┤辣		☑兑水	☑兑热水
香味 ▶浓├─●─┼─┼─┼─┤淡		☑兑苏打水	☐其他
黏稠度 ▶黏稠●─┼─┼─┼─┤清爽			

新潟县
新潟市
小黑造酒

越乃梅里
淡丽梅酒

☎：025-387-2025
FAX：025-387-3702
梅子的产地和品种/和歌山县、和歌山县特别栽培认证纪州石神梅林产南高
所选用的基酒/越淡丽 纯米吟酿酒
容量/720 mL
酒精浓度/11度
购买方式/酒铺、线上商店、TEL、FAX

在100%使用了新潟县特产的酒米"越淡丽"所酿造的纯米吟酿酒中浸入和歌山县受到特别栽培认证的南高梅，精心泡制而成的奢侈梅酒。可以很好地感受到梅子甜味中带着清爽的味道以及酸味。推荐冷藏一段时间以后直接饮用。

推荐的饮用方式
☑直接饮用
☑加冰
☐兑水
☐兑热水
☐兑苏打水
☐其他

味觉图表	
酸味 ▶强├─┼─●─┼─┤弱	
甜味 ▶甜├─●─┼─┼─┤辣	
香味 ▶浓├─┼─●─┼─┤淡	
黏稠度 ▶黏稠├─┼─●─┼─┤清爽	

梅仙人
门司港香蕉梅酒

☎:092-932-0001

梅子的产地和品种/和歌山县产梅
所选用的基酒/日本酒　容量/720 mL
酒精浓度/9度　购买方式/WEB、指定酒铺

福冈县
糠屋郡
小林造酒总店

这是用明治时代开始便以香蕉进口港口而闻名的门司港命名，飘散着香蕉的甘甜和独特香气的水果梅酒。整款梅酒有着香蕉的黏稠果肉带来的水果香味，以及如同预想一般的适当甜度，另外，清爽的余味也让人印象深刻。

味觉图表			
酸味	▶强	├─┼─┼─┼─┤	弱
甜味	▶甜	├─┼─┼─┼─┤	辣
香味	▶浓	├─┼─┼─┼─┤	淡
黏稠度	▶黏稠	├─┼─┼─┼─┤	清爽

推荐的饮用方式
- ☑ 直接饮用　☑ 加冰
- ☐ 兑水　☐ 兑热水
- ☑ 兑苏打水　☐ 其他

佐贺县
小城市
天山造酒

天山梅酒

☎:0952-73-3141
FAX:0952-72-7695

梅子的产地和品种/佐贺县产白加贺、莺宿、全熟南高
所选用的基酒/日本酒
容量/500 mL
酒精浓度/12度
购买方式/TEL、FAX

100%使用当地的梅产地牛尾梅林的梅子。因为选用了白加贺、莺宿、全熟南高等多种梅子，所以制成的梅酒风味更加独特。此款酒尽可能地抑制了整体的甜度，因此口感更加清爽，适合搭配任何料理，可以完全不用担心饮用的场合。

推荐的饮用方式
- ☑ 直接饮用
- ☑ 加冰
- ☑ 兑水
- ☐ 兑热水
- ☑ 兑苏打水
- ☐ 其他

味觉图表			
酸味	▶强	├─┼─┼─┼─┤	弱
甜味	▶甜	├─┼─┼─┼─┤	辣
香味	▶浓	├─┼─┼─┼─┤	淡
黏稠度	▶黏稠	├─┼─┼─┼─┤	清爽

阿波罗
血橙梅酒

☎:0942-89-2001
FAX:0942-89-3450

梅子的产地和品种/从日本9个地方收集而来的手工采摘无农药栽培梅
所选用的基酒/日本酒
容量/720 mL
酒精浓度/9度
购买方式/WEB、指定酒铺

佐贺县
三养基郡
天吹造酒

有着"太阳的果实"之称的意大利产血橙与用奢华的花酵母酿造的日本酒演奏出的新的柑橘系梅酒乐章。血橙那略带苦涩的余味拨动心弦。加冰饮用的话，更能发挥橙汁中甘甜的味道与梅子那恰到好处的酸味。

推荐的饮用方式
- ☐ 直接饮用　☑ 加冰
- ☐ 兑水　☐ 兑热水
- ☑ 兑苏打水　☐ 其他

味觉图表			
酸味	▶强	├─┼─┼─┼─┤	弱
甜味	▶甜	├─┼─┼─┼─┤	辣
香味	▶浓	├─┼─┼─┼─┤	淡
黏稠度	▶黏稠	├─┼─┼─┼─┤	清爽

浊草莓梅酒

德岛县鸣门市
本家松浦
造酒厂

☎：088-689-1110
FAX：088-689-1109

梅子的产地和品种/德岛县莺宿
所选用的基酒/日本酒　容量/720 mL
酒精浓度/12度　购买方式/TEL、FAX、WEB、酒铺

在清酒的基酒中加入果肉，再混入草莓的果汁和果肉的
混合物，从而制成了这款充满果肉口感的梅酒。只需一
口便可以感受到草莓的香甜味道在口腔中扩散开来，之
后留下梅子那恰到好处的酸味。全熟梅与草莓形成了绝
妙的平衡，带来了带有成人感觉的甜点感。

味觉图表			
酸味	▶强		弱
甜味	甜		辣
香味	浓		淡
黏稠度	▶黏稠		清爽

推荐的饮用方式	
☑ 直接饮用	☑ 加冰
☐ 兑水	☐ 兑热水
☐ 兑苏打水	☐ 其他

福冈县
大川市
若波造酒

FULL FURUITY
全熟杧果
梅酒

福冈县
久留米市
山之寿造酒

☎：0942-78-3025
FAX：0942-78-4673

梅子的产地和品种/福冈县产梅
所选用的基酒/日本酒
容量/720 mL
酒精浓度/9度
购买方式/WEB、指定酒铺

大量使用了熊本县产和印度
产的阿索杧果，是一款拥
有无限热带风情的梅酒。梅
子清爽的风味与杧果的甜味
形成绝妙的搭配，酿造出了
这款特别的梅酒。特别推荐
加冰饮用。

推荐的饮用方式	
☐ 直接饮用	☑ 加冰
☐ 兑水	☐ 兑热水
☑ 兑苏打水	☐ 其他

味觉图表			
酸味	▶强		弱
甜味	甜		辣
香味	浓		淡
黏稠度	▶黏稠		清爽

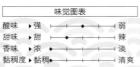

Parfait
混合浆果
梅酒

☎：0944-88-1225
FAX：0944-88-1226

梅子的产地和品种/和歌山县产梅
所选用的基酒/日本酒
容量/720 mL
酒精浓度/9度
购买方式/WEB、指定酒铺

以正宗法国产黑加仑为主，混合了木莓
等浆果类果实，最终与日本的梅子结合
成这款绝妙的梅酒。一旦注入到玻璃杯
中便可以感受到那四溢的浆果香，入口
更能够品尝到美妙的酸甜味道，推荐饮
用时加入冰块。

推荐的饮用方式	
☐ 直接饮用	☑ 加冰
☐ 兑水	☐ 兑热水
☑ 兑苏打水	☐ 其他

味觉图表			
酸味	▶强		弱
甜味	甜		辣
香味	浓		淡
黏稠度	▶黏稠		清爽

加贺鹤梅酒 加入了日本酒

石川县
金泽市
YACHIYA
造酒

☎:076-252-7077
FAX:076-252-7449

梅子的产地和品种/石川县产石川1号中心
所选用的基酒/日本酒　容量/720 mL
酒精浓度/11.2度　购买方式/TEL、FAX、WEB、酒铺

以金泽市当地的老字号酒窖所酿制的日本酒为基酒，并选用"石川1号""红指"的梅子浸泡而成的梅酒。新鲜的梅子香气和酸味与日本酒的美味调和成甘甜的梅酒，其中梅子果肉的黏稠口感令人心情舒畅。这款梅酒的饮用方法颇多，用来制作鸡尾酒也是一个不错的选择。

味觉图表		
酸味	▶强 ├─┼─┼─●─┼─┤	弱
甜味	▶甜 ●─┼─┼─┼─┼─┤	辣
香味	▶浓 ├─┼─●─┼─┼─┤	淡
黏稠度	▶黏稠 ├─●─┼─┼─┼─┤	清爽

推荐的饮用方式	
☑直接饮用	☑加冰
□兑水	☑兑热水
☑兑苏打水	□其他

推荐的饮用方式	
☑直接饮用	
☑加冰	
□兑水	
□兑热水	
□兑苏打水	
□其他	

德岛县鸣门市
本家松浦
造酒厂

福岛县
二本松市
大七造酒

生酛梅酒

☎:0243-23-0007
FAX:0243-23-0008
梅子的产地和品种/和歌山县产南高（3 L 大小）
所选用的基酒/生酛纯米酒
容量/720 mL
酒精浓度/12度
购买方式/TEL、FAX、WEB、酒铺

使用日本酒的传统制法酿造，以味道极具深度的生酛酿造法制作的纯米酒是这款梅酒的基酒。天鹅绒一样的上等口感是它的特征。此款酒在全日本酒铺组织的日本名门酒会主办的"日本利口酒"试饮大会上连续4年荣获第一名。

推荐的饮用方式	
☑直接饮用	□加冰
□兑水	□兑热水
□兑苏打水	□其他

味觉图表		
酸味	▶强 ├─┼─┼─●─┼─┤	弱
甜味	▶甜 ├─●─┼─┼─┼─┤	辣
香味	▶浓 ├─┼─●─┼─┼─┤	淡
黏稠度	▶黏稠 ├─●─┼─┼─┼─┤	清爽

本家松浦造酒
浊梅酒 莺宿

☎:088-689-1110
FAX:088-689-1109
梅子的产地和品种/德岛县莺宿
所选用的基酒/日本酒
容量/720 mL
酒精浓度/12度
购买方式/TEL、FAX、WEB、酒铺

将靠近四国八十八所灵山中最有名的一处培育出的莺宿梅采摘后细心去除核和果皮，只取果肉浸泡于清酒中，最终制成了这款特别的梅酒。将之注入到玻璃杯中，色泽宛如橙汁一般艳丽。浓厚的味道与清淡的余味形成了强烈的对比。

味觉图表		
酸味	▶强 ├─┼─┼─●─┼─┤	弱
甜味	▶甜 ├─┼─┼─●─┼─┤	辣
香味	▶浓 ├─┼─●─┼─┼─┤	淡
黏稠度	▶黏稠 ●─┼─┼─┼─┼─┤	清爽

推荐的饮用方式

- ☐ 直接饮用
- ☑ 加冰
- ☑ 兑水
- ☐ 兑热水
- ☐ 兑苏打水
- ☐ 其他

一本义 梅之宴

福井县胜山市
一本义
久保总店

☎：0779-87-2500

(FAX)：0779-87-2504

梅子的产地和品种/福井县产红映、平太夫
所选用的基酒/日本酒、米烧酒　容量/720 mL
酒精浓度/12度　购买方式/TEL、FAX、WEB、酒铺

以日本酒的酿酒厂一本义久保总店酿造的清酒与米烧酒为基酒，将当地福井县产的梅子浸泡其中，再配上拥有大自然甜味的优质蜂蜜，最终制成了自然甘甜与适当酸味相融合，有着轻快口感的独特梅酒。

味觉图表

酸味	▶强	●————————————弱
甜味	▶甜	————————————辣
香味	▶浓	————————————淡
黏稠度	▶黏稠	————————————清爽

陈酿制成的梅酒

秋田县
大仙市
金纹秋田造酒

☎：0187-65-3560

(FAX)：0187-65-2381

梅子的产地和品种/和歌山县产南高
所选用的基酒/清酒陈酿　容量/500 mL
酒精浓度/14度　购买方式/TEL、FAX、WEB、酒铺

和歌山县产的南高梅与10年以上的陈酿清酒泡制而成的梅酒，陈酿的氨基酸浓度更高，带来了不一样的浓缩感，形成了具有深度的味道。使用了具有天然甜味的蔗糖，甜度清爽，适合在用餐时饮用。

味觉图表

酸味	▶强	●————————————弱
甜味	▶甜	————————————辣
香味	▶浓	————————————淡
黏稠度	▶黏稠	————————————清爽

推荐的饮用方式

- ☑ 直接饮用　☑ 加冰
- ☐ 兑水　　　☐ 兑热水
- ☐ 兑苏打水　☐ 其他

Parfait
草莓梅酒

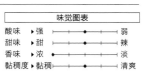

福冈县
大川市
若波造酒

☎：0944-88-1225

(FAX)：0944-88-1226

梅子的产地和品种/和歌山县产梅
所选用的基酒/日本酒　容量/720 mL
酒精浓度/9度　购买方式/WEB、指定酒铺

以高级草莓"博多甘王"为主，搭配西班牙与荷兰产的草莓混合所制成的这款梅酒，有着浓郁的水果香味，并且其中的果汁含量也十分惊人。桃子浆果与香草制成的半梅酒"TETE伦敦"也十分值得推荐。

推荐的饮用方式

- ☐ 直接饮用
- ☑ 加冰
- ☐ 兑水
- ☐ 兑热水
- ☑ 兑苏打水
- ☐ 其他

味觉图表

酸味	▶强	●————————————弱
甜味	▶甜	————————————辣
香味	▶浓	————————————淡
黏稠度	▶黏稠	————————————清爽

小左卫门纯米梅酒
"紫色皇后"

岐阜县
瑞浪市
中岛酿造

☎:0572-68-3151

梅子的产地和品种/纪州产紫色皇后
所选用的基酒/日本酒　容量/500 mL
酒精浓度/12.5度　购买方式/指定酒铺

味道纯正的日本酒"小左卫门"配上纪州产的稀有品种"紫色皇后",制成了这款色泽鲜艳,颜色偏紫的少量限定梅酒。含在口中,日本酒丰润且具有深度的口感在舌尖绽放,带来了芳醇的绝妙风味。

味觉图表		
酸味 ▶强	—┼—┼—●—┼—┼—┼—	弱
甜味 ▶甜	—┼—┼—●—┼—┼—┼—	辣
香味 ▶浓	—┼—┼—┼—●—┼—┼—	淡
黏稠度 ▶黏稠	—┼—┼—┼—●—┼—┼—	清爽

推荐的饮用方式	
☐ 直接饮用	☑ 加冰
☐ 兑水	☐ 兑热水
☐ 兑苏打水	☐ 其他

栃木县
小山市
小林造酒

推荐的饮用方式	
☑ 直接饮用	
☑ 加冰	
☐ 兑水	
☐ 兑热水	
☐ 兑苏打水	
☐ 其他	

凤凰美田
秘藏梅酒

☎:0285-37-0005

梅子的产地和品种/栃木县产白加贺
所选用的基酒/日本酒
容量/500 mL
酒精浓度/12~13度
购买方式/酒铺、部分百货店
※限制流通产品

选用将米的味道发挥到极致并浓缩其中的日本吟酿酒"凤凰美田"作为基酒,最终酿制出味道极具层次的梅酒。日本酒特有的味道被发挥了出来,既不会太浓也不会太淡,加上恰到好处的酸味和甜味,形成了绝妙的平衡。是一款适合就餐时饮用的梅酒。

味觉图表		
酸味 ▶强	—┼—┼—●—┼—┼—┼—	弱
甜味 ▶甜	—┼—┼—┼—●—┼—┼—	辣
香味 ▶浓	—┼—┼—●—┼—┼—┼—	淡
黏稠度 ▶黏稠	—┼—┼—┼—●—┼—┼—	清爽

福冈县
大川市
若波造酒

Parfait
黑加仑梅酒

☎:0944-88-1225
FAX:0944-88-1226

梅子的产地和品种/和歌山县产梅
所选用的基酒/日本酒
容量/720 mL
酒精浓度/9度
购买方式/WEB、指定酒铺

含一口在口中,便会感受到黑加仑的香气在口腔中蔓延。这是一款由正宗的法国勃艮第产的黑加仑与日本产的梅子相遇之后所孕育的特别的黑加仑梅酒。突出的酸甜味道中带着新鲜的半生感觉,让人欲罢不能。加冰饮用会是一个不错的选择。

推荐的饮用方式	
☐ 直接饮用	☑ 加冰
☐ 兑水	☐ 兑热水
☑ 兑苏打水	☐ 其他

味觉图表		
酸味 ▶强	—┼—┼—┼—●—┼—┼—	弱
甜味 ▶甜	—┼—┼—┼—●—┼—┼—	辣
香味 ▶浓	—┼—┼—┼—●—┼—┼—	淡
黏稠度 ▶黏稠	—┼—┼—┼—●—┼—┼—	清爽

関于日本梅酒的起源，在一本发行于江户时代的书中有所记载。从那以后，日本人民发自内心地深爱着梅，并且，使用梅制作出了可以立足于世界的加工品。

现在，试着再一次回顾一下日本人关于梅的历史。

照片提供『日本国立国会图书馆、早稻田大学图书馆、梅酒铺

日本最古老的梅酒

江户时代食谱中残留的

关于梅的各种各样的故事

梅 ❀ 酒

话题01

日本最古老的梅酒

从梅流传到日本至现今，了解一下日本人所深爱的梅

说到梅在日本的起源，大概要追溯到6—7世纪，那时由中国远渡到日本的僧侣带来了梅，但也有说法是日本的遣唐使从中国带回到日本，总之有多种说法。

据说在日本，和梅子相比，人们反而对梅花更有兴趣。至于加工果实成食品，那是经过很长一段时间之后才开始的。而在中国，加工梅的果实是自古便有的。根据记载，在5世纪的时候便有腌制的梅子。在日本，梅干的登场要等到平安时代（794—1192年）中期以后。而梅子被广泛利用更要等到进入镰仓时代（1185—1333

年），那时梅子终于不仅被作为食物，还被作为药物来使用。

历史上梅酒的登场还要在很久之后。虽然具体的起源并未被确定，但是元禄八年（1695年）所发行记载有的关于各种食物的性质、功效、食用方法等内容的食物百科全书《本朝食鉴》中，已经出现了梅酒（UMESAKE）的记载，这是最早的相关记录。这本书就像是当时的食谱一样，记录了各种各样料理的制作方法。顺便提一下，这本书的复刻版现在还在发行，更有酿酒厂以书中的记录为基础，试图还原日本最古老制法的梅酒。江户时代后期梅子的加工产业更加发达，梅酒终于开始变得普及起来。据说直到近代1962年的日本酒税法修订为止，由于个人泡制梅酒属于违法行为，所以并没有人像现在这样大量在家中泡制梅酒。

梅在日本人的文化中占据了重要的位置，江户时代所流行的浮世绘中出现了大量以梅为主题的作品。其中关于梅的浮世绘中最为有名的就是安藤广重（又名歌川广重）的名胜江户百景中的《龟户梅屋敷》。其大胆的构图，在广重的作品

江户时代极具人气的画师安藤广重所描绘的杰作：名胜江户百景的《龟户梅屋敷》。这是一幅深受喜爱的作品，印象派巨匠凡·高也十分敬佩，并曾临摹过此画（日本国立国会图书馆藏）

中也数难得的杰作。此画又因为著名画家文森特·威廉·凡·高曾经临摹过而更加著名。梅屋敷起源于享保年间（1716—1735年），以当时的将军德川吉宗亲自栽种了喜爱的梅树为开端，即日后被称为"卧龙梅"的著名梅树，并有

各式各样的浮世绘描绘了它的身姿。另外，虽然广重关于《龟户梅屋敷》的浮世绘不止一幅，但是只有前面提到的名胜江户百景那一幅被普遍认为是杰作。原本如此有名的梅林《龟户梅屋敷》，曾经茂盛的梅花却因明治四十三年（1910年）的一场大洪水而全部被毁，现在只留下一些残存的痕迹供人凭吊。

原本梅的品种并没有太多，不过现在已经发展到了约300种以上了，光是制作梅酒所使用的以产果为主的品种就有约100种。能够有这么丰富的品

1

2

发行于1695年，由人见必大所编写的食物百科全书《本朝食鉴》。全书由12个部分所构成。是了解当时的饮食文化风俗的珍贵资料

种，也可以说是日本人对梅的热爱所带来的必然结果。

在日本有着各种各样不同个性，数之不尽的梅酒，而能够品尝这些梅酒绝对是一种莫大的幸福。在品尝之余，回顾一下梅酒的历史也是一件值得细细品味的事情。

在当代复活的最古老制法的梅酒《本朝食鉴》的实力如何

以酿制花札系列梅酒闻名的"八木造酒"，系按照江户时代编撰的《本朝食鉴》中的配方，完全遵循古法酿造，所使用的陈酿是被称为清酒起源的菩提山正历寺的酒。据说是完美复活了500年前的古老工艺，完全再现当时风味的梅酒。

询问方式：梅酒酒铺 06-6925-8240

1 江户时代无数画师创作过大量的浮世绘。在那些浮世绘的画面中经常会有梅出现，由此可见梅真的是深受日本人喜爱。左页上面的画正是香蝶楼丰国所绘的《吾妻源氏梅见图》（嘉永七年，即1854年）

2 以飞梅传说中广为人知的菅原道真为主要祭祀神明的神社。又被称呼为天神大人。据说梅核切开以后露出白色仁的部分被叫作天神大人就是由此而来

严格遵守《本朝食鉴》中记载的制作方法，再现了灰水浸泡之后洗净，并用纸擦拭干净的过程

精心制作好的梅子放入灰水中浸泡会使梅子的酸味更加柔和

将梅子装入瓮中封存。当然会以现代标准进行管理，完全不需要担心卫生问题

灰水浸泡过的梅子通过人工一颗一颗擦拭干净。这个烦琐的过程也被完全保留了下来

使用的酒是以菩提的酒为主

正历寺地处奈良县奈良市菩提山町。据说是第一次酿造出清酒的场所，而酿造清酒所使用的就是寺内流淌的清澈流水，并且这一工艺流传至今。每年的1月便会开始进行酒母的制作，之后由11家酿酒厂的人带回各自的酒厂。然后使用这种酒母所酿造的清酒会在正历寺福寿院出售。

上：正历寺色彩缤纷的四季风光。参拜的时候可以尽情享受自然。下：寺内流淌的清澈流水。据说是使用这里的水酿制出了日本最初的清酒

和歌山県、南部町

【南高梅】

大分県、大山町

【丰后大山梅】

探访「品牌梅子」的故乡

群马县、高崎市以及其他
【白加贺】

在日本有着各种各样不同的梅品种，不同的品种对当地气候和土壤环境又有不同的要求，而符合这些要求的地区就成了那种梅子的产地。

下面，本书将会为大家介绍3种极具个性的"品牌梅"！

首先是被誉为最高级的品牌梅"南部町的南高梅"，之后是以大山町为首的一大片区域广泛栽种的，有着独特广告语，但却鲜少被人们提及的品牌"大山町梅"，以及有着全日本产量第2位殊荣的"群马县白加贺"。

"南高梅和其他品种相比，具有耐寒性能好、产量高等优点。但是，又因为每一棵都有着强烈的个性，所以换季时的管理显得尤为重要。""月向农园"的月向雅彦先生如此说道

最高级品牌

南高梅

纪州南部的宝物

【和歌山县】

南部町栽培的南高梅是名副其实的日本第一

和歌山县日高郡南部町的南部梅林有着"一望百万，香飘十里"的美誉，是日本最大的梅乡。从南部川河口开始，经过上游约4 km，一直延伸到东岸的冲击台地为止。早春时节，游客众多，十分热闹，到了初夏，又会因为梅子结果而呈现出另外一番风景。

南部町有着自豪的日本第一梅产量，并作为最高级品牌南高梅的故乡而为人们所熟知。南部町种植梅的历史悠久，可以追溯到纪州藩主德川赖宜时代。无法种植大米的贫瘠土壤与年年加重的赋税，看到为此所苦的南部农民，田边藩主安腾带刀将视线转向原产于当地的"YABU梅"，开始推广梅的种植。虽然YABU梅颗粒小，果肉少，但是经过田边湾运往江户，并以"纪州田边产"的名义出售后，在江户町

要说日本最有名的梅子，那应该就要数南高梅了。将其历史一一解读便会发现，那是为了在贫瘠的土地上拯救被年年重赋所压榨的农民而开始的奖励栽培。从中我们可以看到为了改良品种而尽心尽力的先人们的智慧和足迹。

2

1 月向农园的园主珍藏的照片。照片中是开垦荒山的情景
2 中野BC与月向农园制作的"月向农园梅酒"是出售数量"极少"的限定商品。720 mL，酒精浓度20度

1

受到了欢迎。

在那个年代，人们有着在新年、立春、立夏、立秋、立冬前一天的夜里，为了祈愿祛灾除厄在粗茶中加入梅干制成"福茶"来饮用的风俗习惯。而梅干作为吉祥物深受欢迎。

江户时代，在南部的埴田村里有着一片广阔的梅园，它明媚的风光被描绘在了《纪伊名胜图会》中。但是明治十五年（1882年）开始，生丝产业开始盛行。为了养蚕，梅林被改为种植桑树，而埴田村的梅林被赶到了晚稻熊冈地区，那里就是现在的南部梅林的前身。

原本生命力强，但是颗粒小、果肉少的YABU梅，经过六太夫、内本德松等人的不懈努力，在一次一次品种改良之后，又经过内本幸右卫门、内中为七等人之手，得以规模开发经营。为七的长子源藏于明治三十四年（1901年）废弃了染坊，并将资金投入到购买熊冈的扇山与土地的开垦

探访"品牌梅子"的故乡
【南高梅】

3

3 从南部梅林内的梅公园极目远眺可以看到大海，令人心情舒畅
4 月向农园的园主正在主屋的1楼酿造重要的梅酒。
迫不及待想要看到上市的那一天

4

2　　3　　　　　　　　　　　　　　　　　　1

探访"品牌梅子"的故乡
【南高梅】

上。开始在那里种植内本德松发现的优良品种，同时开始建设梅干的加工厂。从那以后，梅子的栽培和加工产业迎来了巨大的飞跃。

　　明治三十五年（1902年），元上南部村村长长男高田贞楠将自己的桑树林改为梅林，种植了60株从附近人们那里获得的以产果为目的的内中梅。最终种植出来的果实不但粒大肉厚，而且色泽呈现鲜艳的红色，并意外发现了优良品种。高田贞楠以此为母树，悉心培育，为日后的南高梅奠定了基础。之后小山贞一得到了这棵母树的枝，并以此插枝嫁接，继承了南高梅，以"南高"为品牌，作为品牌梅进行推广。现在，南高的母树被移

1 月向的梅，家庭装500ｇ
2 月向农园的人气商品，梅肉浸出物120ｇ
有报道指出，梅肉的浸出物有改善血液循环的效果
3 梅振兴馆所收藏的瓜米石。由碳酸钙组成，
在制造适合栽种梅树的土壤时起到了十分重要的作用
4 梅振兴馆/和歌山县日高郡南部町谷口538-1，TEL：0739-74-3444
5 梅振兴馆所收藏的南高梅的"名称登记证"。登记者栏写着高田贞楠的名字

植到了南部INAMI农协总部。

　　如今，南高的母树树龄已经接近100年，直到现在仍可以看到它充满活力的样子，叙述着那作为品牌梅起源的骄傲历史。南高梅发展过程中付出血汗的人们的身影，以及枝繁叶茂的母树，全部可以在南部INAMI农协会总部附近的"梅振兴馆"中看到。

4　　　　　　5

听说南部町专门种植梅子的农家"月向农园"还有从事梅酒的酿造和贩卖工作，并持有相关证照，为此作者前去采访了园主月向雅彦先生。

有着350年悠久历史的月向农园，从现园主的曾祖父那一代便开始了梅树的栽培，当时主要栽培的是古城等品种，到了父亲那一代开始着手南高梅的栽培。从那以后约50年的时间，均以南高梅的栽培为主。

月向农园使用和歌山县海南市名为"中野BC"的酿酒厂出品的酵母酿制"月向农园梅酒"，此外还加工制作梅干和梅子果酱，在日本国内具有很高的人气。

"最近，'想要自己泡制梅酒'的人越来越多，因此相关的询问也变得多了起来。所以会在旺季，以1 kg1500円~3500円的价格，通过线上的方法出售制作梅酒所用的梅子，并且获得了好评。"正如园主所说，看来梅酒的热潮也波及了月向农园。

"除了与中野BC合作的梅酒之外，我们还泡制了不少家庭装的梅酒，不过最近我们农园也获得了酒类许可证，所以我打算开始出售梅酒。"说着，园主带我参观了放置在月向家的主屋1楼，正在顺利发酵中的梅酒。当问到价格打算定多少的时候，"500 mL 2000円左右怎么样呢？"他这么回答道。

"说到和歌山县的话，当然就是南高梅了。南高梅表皮柔软，果肉细腻且厚实。不论是用来泡制梅酒，还是用来制作梅干都非常适合。如果使用南高梅泡制梅酒的话，推荐使用没有异味的白干儿，这样泡出来的梅酒中南高梅特有的香味会更加突出，自然也更加美味。"

2010年全日本因为低温灾害，梅子的产量普遍不佳，但是据说地处海拔100 m，属于高地的月向农园的温度却没有下降太多，当年的梅栽培也很顺利。5月份是收获前最重要的时期。气温、风、雨等都需要

梅振兴馆中展示的梅干的标签。
印有南高梅的母树发现者
高田贞楠的名字

1

1 南部INAMI农协本部的南高梅的母树。
尽管树龄接近100年，现在一样生机盎然地生长着。
将曾经贫瘠的土地变成充满生机的
"梅之乡"的母树，宛如母亲一般充满了神圣感
2 山的斜面梅林绵延，
是象征着南部町梅之乡的一道风景
3 随处可见关于梅的短歌

探访"品牌梅子"的故乡
【南高梅】

3

果实尚小的青梅终有一天会染上色彩
迎来收获的那一天

在纪伊半岛西南岸
初夏的阳光中
南高梅逐渐成熟

密切关注，此外还需要当心病虫害的问题，可以说是每天都操碎了心。

　　"和在青梅时期就采摘的品种不同，南高梅是放在树上等待其完全成熟以后再收获的。猴子们也很清楚梅子的味道什么时候最好，明明梅子还青的时候基本上不会动手，但是一旦变成黄色显示成熟，它们立刻就会出现抢夺。"园主苦笑道。南高梅要等到全熟才会糖度上升，变成像李子一样的味道，充满水果的香甜。

　　最后想请教一下使用南高梅泡制出美味梅酒的方法！听到作者的问题以后，园主回答道："使用果实大的南高梅是关键点。尽量选择全熟、外形美观的果实也很关键。还有就是选择有光泽的，没有暗沉、颜色通透的果实来浸泡。然后，虽说浸泡3个月左右就可以饮用了，但是如果可以泡上1年的话，味道会更好。"所谓"心急吃不了热豆腐"，梅酒也是同样的道理，耐心等待是必须的。所以你要不要试试在家挑战一下南高梅泡制的梅酒呢？

1

1 月向农园的家庭用梅酒。根据所使用的基酒的种类，
泡制出各种不同的梅酒

2 使用大颗梅子泡制，
是月向农场的特色

3 从南部梅林的入口处开始，
随处可见咏梅的短歌

探访"品牌梅子"的故乡
【南高梅】

3

专栏

培育出南高梅的高田贞楠等先贤

小山贞一　　高田贞楠　　竹中胜太郎　　内中源藏

从江户时代便开始栽培梅树的南部町，经过众人的品种改良与倾注的热情的培育，才有了今天的南高梅。梅振兴馆中介绍了内中源藏（南部川村的梅产业创始人）、高田贞楠（作为南高梅起源的南高梅的发现人）、竹中胜太郎（南高命名之父）、小山贞一（农园产业化，以及梅栽培促进人），人们可以一次性瞻仰到诸多先贤。

丰饶之国大分所出产的

【大分县】

丰后大山梅

『青色钻石』

虽然产量不高，但大山町出产的梅子有着相当高的知名度。那是因为，为了成为日本"地方品牌化"的先驱，全町齐心协力抓梅的种植生产，以实际业绩给人留下了深刻的印象。那么，让我们来了解一下大山町的梅栽培发展和未来。

探访"品牌梅子"的故乡

【丰后大山梅】

这次以梅酒来探访这里

使大山町受惠的梅

1979年，身为当时大分县知事的平松守彦先生提倡的"一村一品运动"，是以旧日田郡大山町（现日田市大山町）1961年开始的关于"以去夏威夷为目标，努力种植梅栗树"为榜样的。

大山町大约90%的环境都是山林，不适合农耕。因此，人们为了"如何从有限的农田中，培育出更高的产量"而绞尽脑汁。由此诞生了"以去夏威夷为目标，努力种植梅栗树"的口号。梅子作为一种产量和收益都十分高的果树而被选为奖励栽培作物。因为希望年轻人可以成为这项运动的主体，所以梅栗运动还有着"NPC运动"这样时髦的别称。NPC则是New Plum and Chestnut的缩写。

另外，努力的目标还被设为当时人们都十分憧憬的夏威夷。全町总动员，人们纷纷参加到了这场运动中。不久之后，海外渡轮航行自由化，参加这次运动的农户真的实现了"以去夏威夷为目标，努力种植梅栗树"口号中的梦想。因此大山町也成了全日本护照持有率最高的地区，而农户的出国旅行也引起了当时媒体的争相报道。如今，大山町已经有多家农户的年收入超过了1000万円。

如今的大山町以发达的农产品业为自豪，而对梅的挚爱、坚持、热情也为人们所津津乐道。作为梅专家而为人们所熟知，拥有"森农园"的森文彦就是其中之一。

"我种植梅子已经有半个世纪了。正在栽培的品种有七折小梅、南高、莺宿、白加贺、青轴等，此外还在开发个人品种，希望可以选拔出能够弥补南高缺点的品种。七折小梅最适合制成梅干。南高在和歌山的话是一次性采摘的，但是在这里，是分批进行多次采摘的。每天从每棵树上精心挑选黄熟的南高梅，一颗颗细心采摘。"森先生这么说道。

从1961年的梅栗运动开始，经过了半个世纪的时间。在大

1 森农园的园主，森文彦先生。注入全部热情，悉心培育梅子的每一天
2 森农园出售梅干、梅子浸出物、新鲜梅子、李子等。也可以通过WEB下单
3 通过"NPC运动"终于访问夏威夷时的纪念照

探访"品牌梅子"的故乡
【丰后大山梅】

1

山町，现在似乎又要诞生新的运动了。而它的发祥地是有着车站、住宿设施、温泉，并且具备正统利口酒工作室的"丰后大山回响之乡"。

在回响之乡，到处张贴着"从梅之乡到梅酒之乡"的宣传标语，另外还进行着与NIKKA威士忌公司的业务合作，以及各种制作梅酒的业务合作。而这一系列的活动于不久之后取得了成果，在美国举行的世界利口酒比赛中，凭借"梦之回响"荣获了金奖，不只是日本国内，在国际上也受到了广泛关注。比赛的

评委更是为这款酒定下了每瓶750 mL 85美元的高价。这件事给大山梅带来了新时代的预兆。

大山町
发展的起源
是50年前的口号
『以去夏威夷为目标，
努力种植梅栗树』

4 "丰后大山回响之乡"的利口酒工作室中的技术人员，手岛先生
5 回响之乡所出售的，桶装发酵高级梅酒"梦之回响"
6 在回响之乡有提供梅酒以及梅子果汁（试作品）的试饮
7 请看森农园产梅子。现在还未成熟，其中种子的仁儿还很柔软

在大山町，有着曾经在全日本梅干竞赛获得日本第一的梅干专家，他们就是"黑川金右卫门丸金农场"的一对夫妇。这里的梅干在大山町丰后大山回响之乡也是极具人气的商品。

"我们家的梅干主要使用的是南高梅。此外还有白加贺、青轴等。梅酒等利口酒则是使用的莺宿。不论哪种都十分美味哦。"身为老板的正辉先生介绍道。

"首先，请看看我们的梅干。"说着，正辉先生走向了腌制梅干的地方。前方排列着2000 L大小的罐子，只是在旁边站着就可以闻到飘过来的传统梅干的香味。那种酸酸的美妙味道完全从香气中传达过来，站在那儿你就会忍不住条件反射地流口水。

"一闻到梅干的味道立刻就开始流口水了，对吗？你知道吗，光是这样就能够给人带来

健康的效果了！"老板娘这么说道。

在并排放置梅干罐子的深处，放置着装有梅酒的酒瓶。这些恐怕是黑川家珍藏的家庭用梅酒。不论是哪一个看起来都十分美味啊……就在边看边这么想着的时候，"等会会给你试吃一下的。"老板娘说道。说完她便挑选出一瓶梅酒，小心地抱了出来。

"因为之前的'以去夏威夷为目标，努力种植梅栗树'为口号的运动，大山町全町都开始栽种梅树。而托梅子的福，大山町也渐渐变得富饶了起来。你看，现在也有人会购买梅干作为礼品了，对不对？现在人们会使用家庭'交际费用'中的一部分来购买梅干了。"正辉先生笑着说，"不过，现在喜欢梅干的年轻人越来越少了。"说到这里，正辉先生显得有些沮丧。

1 黑川家代代相传的储水池里是禁止女性进入的灵山鸟宿山
上流下来的天然水
2 在丸金农场的田里梅子正在茁壮成长中
3 丸金农场的梅干可以从网上购买
4 黑川家的仓库建于江户时代中期的宽正三年（1791年）。
翻修时，外墙壁装饰了配合梅的花纹

"但是想要保持身体健康，好好吃饭摄取营养是基本手段。而一直支持着日本人饮食的'下饭梅干'正是支撑日本传统饮食的象征。真希望大家可以重新认识到梅干的优点。"正辉先生叹气道。

"来吧，梅干和梅酒都准备好了哟！"老板娘说。于是我跟着老板娘穿过丸金农场小卖店旁边的房间，品尝了梅干等美食。将富含光泽的梅干含在口中，立刻可以感受到它厚实绵软的果肉。如果能来上一杯日本茶的话，不管多少颗都能吃得下。

"梅酒真的非常好喝！"说着，正辉先生喝了一口梅酒。因为有一段时间没有喝过梅酒了，再加上手中的梅酒简直超乎想象的美味，于是不知不觉地一直喝了下去……

仔细观察泡着梅酒的瓶子，可以发现有的梅子皱巴巴的，也有的梅子十分饱满。这并不是品种差异造成的现象，而是梅子是不是有"伤"所带来的不同。

"圆滚滚的梅子是因为表面有伤口，所以吸收了大量烧酒，这种梅子本身也十分美味。不过也因此梅子的浸出物并没有完全析出，所以制作出来的梅酒一般般。与之相反，皱巴巴的梅子是因为浸出物完全析出到烧酒中，所以才会变得皱巴巴的。这样的梅子泡制

的梅酒味道出众，只是梅子里基本不剩什么味道和香气。不过这种梅肉都十分柔软，吃起来完全不费劲。将梅子先在剑山上滚过以后浸泡，这样可以在享用梅酒过后，将梅酒中的梅子配茶食用，会是一道不错的腌梅小食哦。"专家夫人笑着亲自传授了梅酒的秘诀。

探访"品牌梅子"的故乡
【丰后大山梅】

专栏

大山梅是"一村一品运动"的先驱

说到大分县就会想起"一村一品运动"。也就是"不论花多少时间，都要发掘出可以作为自己町、村招牌的特产，并经得起全国范围评价的产品。可以的话，将其加工并出售，形成一条龙产业链"。而提倡这个运动的大分县知事平松守彦先生又受到了"梅栗运动"的影响，所以梅便成了这里的品牌。在这可以说是"一村一品运动"发祥地的大山町，新的可以作为町的招牌的商品还在持续开发中。

5 晾梅干的筛子在收获的季节也十分活跃

6 向我们展示珍藏梅酒的老板娘

7 在浸泡完梅酒之后，食用泡酒用的梅子也是一种享受

8 初夏的阳光下，在屋外饮用梅酒格外美味。梅酒不仅美味，还可以预防夏季乏力，有着极佳的健康效果

9 在梅酒瓶上贴着标签，详细记录了制作日期、配方等内容。只有不断积累情报，才是向着梅酒达人前进的道路

真正的实力派，生产量第2名的

【群马县】

上州群马县产
白加贺

让人意外的是，似乎很多人并不知道，群马县其实是梅子的一大生产地。
而且群马县产的梅子应用范围极广，可以说是全能型选手。
未来所采取的品牌战略也令人十分期待。

↓榛名梅林

有着"一眼望去，十二万棵"的说法，
其规模在日本东部处于第一位。
放眼望去，一整片梅林宛如海洋一般宽广。
推荐在这里一边眺望榛名山
一边悠闲地散步

群马县产的梅的花和果实
在食品加工上被广泛应用

群马县的梅产量仅次于和歌山县，位居日本
第2。群马县产的梅子在品牌上虽然没有太大的
名气，但是在食品加工行业中有着极高的普及率。
不光依靠自身的名气，这里的梅子都是"实
力派"。

在群马县内有着秋间梅林、榛名梅林、箕乡

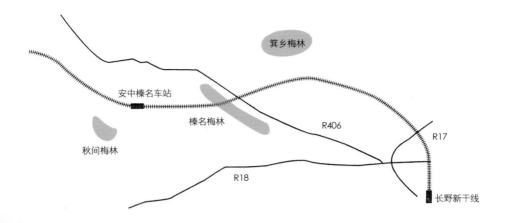

箕乡梅林

安中榛名车站

榛名梅林

秋间梅林

R406

R17

R18

长野新干线

探访"品牌梅子"的故乡
【白加贺】

梅林，3处大规模的梅林。在开花的季节里，引来大量游客，十分热闹，梅林附近到处排列着大量的观光巴士。不过，群马县的梅在赏花的观光客离开以后才是真正关键的时刻。这里栽种的梅全部是以收获果实为目的的。即便没有赏花的游客光临，这里的梅也依旧会开花结果，人们所期待的是它们结果的那一刻，其中包括了著名的梅酒制造商以及食品行业者（主要用这些梅子制作脆梅）。只是作为经济作物的梅感觉似乎有点太过朴素了。即便如此，出生于群马县的梅充满了活力，北起仙台，南至鹿儿岛，全日本各地都有它们活跃的身影，它们被加工后出现在日本各地

家庭的餐桌上。

在群马县，主要栽培的品种是白加贺。据说有人深爱着朴实刚健的白加贺，并且表示："如果要泡制梅酒的话，白加贺是最好的选择！"而这个人就住在箕乡梅林附近的高崎市箕乡町。于是我决定去拜访一下。

"群马的白加贺有着清爽的口感，所以特别适合泡制梅酒。不论使用哪种酒来浸泡，都十分的美味，所以我有时候会使用烧酒来泡，有时候又会使用白兰地，有时候还会试着加入黑糖，简直充满了乐趣。"小和濑真一先生愉快地说道。

小和濑真一先生在经营梅林的同时还担任着日本农业协同组合箕乡町梅部会的部会长职务，是一个大忙人。为了了解群马梅种植历史的相关知识，我访问了他。"据说，从明治之前开始，这里就已经有一部分地区在种植梅树了。在箕乡町的富冈有一个叫蟹泽的地方，有几家农户种植了梅树。之后不久，因为大米的减少种植政策使很多农户失去了原本可以种植的作物，于是农户们决定开始种植单价较高的梅树，从那以后越来越多的农户参与到梅树的栽培中去了。昭和二三十年代（约1945—1964年）1kg梅子的单价要比雇用1个人一整天还要高。直到现在，梅子每公斤的单价也没有太大变化。"

一直以来，群马梅即便没有过多宣传也有着很好的销路。希望在将来的日子里，群马梅可以扩大销路，强化品牌的力量！

群马产的梅是在全日本各地都有使用的『大红人』

怀里抱着梅酒，脸上堆满笑容的小和濑真一先生

↑ 秋间梅林

地处秋间川上游山间规模约50公顷的梅林。
其中树木有35000株以上。
在举办梅林庙会的旺季会出现一些活动店面，
各种活动也十分有趣。
在山顶附近的赏梅公园，即便不是花期，
四季的自然风光也十分美丽

↓ 箕乡梅林（蟹泽梅林）

三大梅林中历史最悠久的梅林，
有着树龄接近100年的古树，
树枝形状修剪良好。
作为群马梅栽培起源的"子育梅"
与说明板
箕乡町与梅公园传承至今

探访"品牌梅子"的故乡
【白加贺】

"酒之一座" × "梅酒大师JAPAN" 所传授的

这才是现在应该喝

据说在九州有品鉴日本酒的职业团体。其名字就叫"酒之一座"。
而梅酒达人"梅酒大师JAPAN"中的每一位都对梅酒业充满了热情，并为此奔走于日本各地。

达人.1
新宅桃之先生

拥有酒保和西点厨师的经验，是酒之一座的一员。通过自身丰富多彩的职业经历，在梅酒新品开发上大显身手。作为小平幸惠女士的得力助手活跃着

达人.2
山田晃史先生

佐贺城附近的"山田酒店"的法人，不只是对梅酒，对所有的日本酒都很有眼光。山田酒店详见P131

达人.3
小平幸惠女士

拥有专业酒类批发公司的经验，现在是酒之一座的策划人。具有超群的活动能力与广阔的人脉，正在九州宣传新的梅酒文化。不只在九州，在全日本范围都可以看到她具有独创性的活跃身影

酒之一座

的梅酒！！

达人.4
冈本启先生

"红茶专营店红叶"的店长。红茶&花草茶的综合讲师。与酒之一座一起开发了"日本红茶梅酒KUREHAROWAIYARU嬉野格雷伯爵茶"。红茶专营店 红叶/佐贺县佐贺市诸富町诸富55-8 TEL：0952-47-7681

达人.5
庄岛瑞惠女士

有着当地城市杂志的编辑经验，负责过各种广告工作。在宣传和推广梅酒魅力的同时，还在不遗余力地宣传着家乡佐贺的美味日本酒以及农产品

达人.6
中村丰一郎先生

负责酒之一座策划、开发的梅酒流通的"中村酒类贩卖"的法人。拥有食物造型师的资质，是值得信赖的九州男儿。中村酒类贩卖/佐贺县多久市北多久町小侍1062-3 TEL：0952-75-2161

这里有推荐的梅酒

宣传梅酒文化的
酒之一座

　　2010年5月7日的福冈机场，刚刚立夏之后不久，从历法上来说是夏季刚刚开始的时候，不过已经可以从户外刺眼的阳光确实地感受到夏天来了。来迎接我们的是"酒之一座"的小平幸惠女士和新宅桃之先生。所谓酒之一座是以"希望宣传日本酒的乐趣，特别想推广值得日本自豪并代表了'日本的香甜酒文化'的梅酒"为出发点的专家团队。由曾经在专业酒类批发公司积累过经验的小平女士担任代表，而她得力的助手就是新宅先生。以这两位再加上负责宣传的庄岛瑞惠女士为中心，

1

现在成员已经发展到了数十人。

　　"今天会在佐贺的一家叫作'飨膳TORII'的餐厅里举行酒之一座的集会。也就是大家坐在一起边喝喝酒吃吃饭，边聊聊天，另外还聚集了多种美味的梅酒，所以请务必参加。"小平女士说道。听起来感觉十分有趣，所以我们一行人决定前去打扰。

　　晚上9点，我们来到了飨膳TORII，这里聚集了酒之一座的各位成员。在桌子上摆放着一排创新梅酒，杧果、血橙、红茶、盐味奶糖等，尽是一些充满趣味性又风格独特的梅酒，每一款都看起来十分好喝。

　　当我被各种个性十足的梅酒吸引的时候，新宅先生告诉我，"这些是我们和当地的酿酒厂一起设计的梅酒，以及我们十分推荐的梅酒。"

"最近，尤其是年轻人越来越不爱喝酒了。感觉'不想点办法不行了'，所以希望可以通过我们努力向人们推广享用日本酒的乐趣，而这时候我们想到的就是梅酒。因为有不少人，虽然平时不能喝酒，但是如果是梅酒的话就愿意喝两杯。"小平女士解释道。

　　注视着玻璃杯的高个子男子是负责流通的"中村酒类贩卖"的法人中村丰一郎先生。酒之一座所开发的梅酒，由以中村酒类贩卖为中心的批发商向酒铺进行销售。

　　"直到不久以前，一提到梅酒，除了自家泡制的，就是大型酿酒厂所酿制的，现如今市面上出售着各式各样的梅酒，让梅酒的乐趣变得更加丰富起来。"中村先生说道。之后，"当地酒类专营山田酒店"的山田晃史先生又补充道："关注梅酒

挑选梅酒要看当时的心情以及喜欢的风格！

1、2 在酒之一座，关于饮用梅酒时所使用的玻璃杯也进行了一定的建议。定制制作方是活跃于福冈县远贺町的玻璃手工艺人前田彰子女士等人。3 酒之一座中开发了红茶梅酒的冈本先生。4 负责酒之一座的商品流通的中村先生。观察玻璃杯的眼神温柔中透着敏锐

的人变得越来越多了。"并以酒铺经营者特有的角度对现状做出了分析。许多酒铺觉得，"酒之一座与酿酒厂'山之寿造酒'开发的'FURUFURU全熟枇果梅酒'开创了'梅酒的新时代'"。

　　"那么就决定明天去酿制全熟枇果梅酒的酿酒厂吧。我会带你参观大分的梅农户与制作香甜酒的工作室，以及梅酒大师所在的居酒屋！"已经有些醉意的新宅先生说道。

　　至此，这场聚会也到了散会的时候。

正在用黑川家的自制梅酒干杯。圆溜溜的梅子看起来十分美味

「丸金农场」的所有人黑川正辉先生正在欢迎许久不见的酒之一座的小平女士（右），两人

大分县大山町

农户＆酒厂
精心酿制的礼物

今年的梅酒
也一定
非常美味！

支持着酒之一座的工作的人们……
他们是为梅注入了大量心血的农户与
酿造出美酒的酒厂的熟练技术人员！

来自

梅酒专家

日本

◖♥◗

黑川金右卫门

丸金农场

→ 数据

大分县日田市大山町西大山5406

☎:0973-52-2783

老板娘在梅干的仓库里泡制了数种不同的梅酒。照片中的梅酒的配方是南高梅2kg、白干儿3.6L、冰糖1.4kg

探访梅子一大产地
丰后大山的
梅子专家夫妇

　　翌日，我们前往九州第一的梅产地大分县日田市的大山町。我们的第一个目标就是梅农户的"黑川金右卫门丸金农场"，那是一家具

有悠久历史的农场，其相关记录可以追溯到江户时代，据说那里还开设过私塾。

　　小平女士告诉我，"据说黑川先生被称为'日本第一的梅干专家'。"这里制作的梅干也会在农园附近的"丰后大山回响之乡"出售。梅干的制作沿用的是自古传承下来的工艺，三天三夜晾晒法。

　　"晒梅干的时机需要连续3天的晴天，所以晾晒梅子的日子会特别忙碌。"另外，有一家属于回响之乡的利口酒工作室"大山梦工房"，那里所制作的梅酒中也使用了黑川先生亲手腌制的梅子。

　　听说这对梅子专家夫妇还在亲手泡制美味的梅酒，"请一定让我参观一下。"我这么拜托道。听完我的请求，老板娘从漂亮的仓库里抱出了一瓶珍藏梅酒。

　　"在大山町栽种着许多不同品种的梅子。我们家的梅干所使用的是南高梅、白加

左：丸金农场建在禁止女性出入的灵山的山脚下

中：梅子专家制作的梅干分家庭装和礼品装等几种

右：梅子在梅农园里顺利成长中

贺、青轴。这瓶梅酒则使用的是莺宿。梅子在浸泡前为了在表皮上留下伤口，会先在剑山上滚一下，这样泡出来的梅子中会含有大量的酒，变得圆滚滚的！"老板娘介绍。

　　将梅酒注入到玻璃杯中，大山町凉爽的空气中立刻飘荡起梅子淡雅的香气。

日本梅酒

丰后大山回响之乡
大山梦工房

📞 数据
大分县日田市大山町西大山4587
☎：0973-52-3000

"桶装发酵高级梅酒 梦之回响"，500 mL。
这款梅酒酸味少，口感圆润甘醇，香气也十分
突出

日本梅酒

前往优秀的合伙人
大山梦工房

　　与黑川夫妇告别后，我们前往丰后大山
回响之乡。这里除了出售梅子的加工商品外，
还有酒厂"大山梦工房"使用当地大山产的
梅子酿制的利口酒。大山梦工房酿制的酒有
梅酒、李子酒、蓝莓梅酒、柚子酒等。

　　"由酒之一座开发的'日本红茶梅酒
KUREHAROWAIYARU 嬉野格雷伯爵茶'等
原创梅酒，都是在这里酿制的。日本红茶大
师冈本启先生和我一起研发了配方，在寻找

具体制作的酿酒厂时遇到了大山梦工房。"小平女士说。

　　因为靠近梅农户，所以降低了运输途中梅子损坏的风险，再加上这里自然资源丰富，
并有着优质的天然水等优点，所以大山梦工房以酿制的梅酒品质特别优秀而闻名。工厂
厂长高桥先生带领着我们来到了酒厂内部，这里排列着一个个泡制梅酒的巨大罐子。

　　"大山产的优质梅子自然是功不可没，但是更不得不提的是有着高超调配技术的高
桥先生和手岛先生，有他们的一双巧手才能够酿制出这样的美酒。他们两人都曾经就职
于NIKKA威士忌公司，在技术上都是毋庸置疑的。他们在一起进行着各种不同的尝试，
发现错误，积累经验，相互讨论，就是为了制作出更好的梅酒。"新宅先生这么说。作
为一名调酒师和甜点师，新宅先生有着出色的"味觉"，连他都赞不绝口，可见这里的

所使用的木桶是NIKKA的木桶

左：工厂厂长高桥先生（右）和手岛先生（左）带领着我们在酒厂中参观学习。并且让我们试喝了"桶装发酵高级梅酒梦之回响"。是一款带有丰富木桶香味的出色梅酒。二人都是调酒老手
上：在利口酒酒厂内巨大的罐子中正在泡制着梅酒

梅酒真的不同凡响。

　　我十分感谢为这个世上创造出数款充满设计感的优质梅酒的大山町，以及大山梦工房！

左下：和酒之一座的成员一同参观学习了梅酒的装瓶操作。虽然气氛十分和谐，但是大家的眼神都十分锐利
右：瓶装梦之回响。出售时会加上可爱的包装

美丽女性们

新感觉的梅酒
向全日本发出邀请

福冈著名酒厂的千金们
正在思考梅酒新品种。
以年轻女性独特的视角
改变梅酒的世界！

来自
梅酒专家
日本

日本梅酒

工厂/1
山之寿造酒

数据
福冈县久留米市北野町乙丸1
☎ : 0942-78-3025

上：山口郁代女士在环绕的绿树中向我们介
绍自己制作的梅酒。基酒当然使用的是自家
酒厂酿造的日本酒"山之寿"
左：在门口迎接酒之一座成员的山口女士。
曾经一度全毁的建筑物，现在仍可以看到横
梁上年轮残留的痕迹，真是修复得恰到好处。
屋前挂着的酒幌子透着自豪感
对页：将杜果梅酒冻至冰激凌的状态以后，
加入碳酸水再食用会特别美味

利用杞果梅酒推广日本酒和
梅酒魅力的才女

"某一天，一位满脸笑容的女性造访了酒之一座。她表示虽然自己还在学习关于酒的各种知识，但是已经决定了会继承家中的酒厂。她就是山口郁代女士。"新宅先生回忆道。

山口女士是江户时代末期创立的"山之寿造酒"的第8代所有人（预定）。平成三年（1991年）因为台风19号风球，这里的仓库全毁。2年后，仓库被重建，在思考如何宣传自家日本酒的魅力的时候，山口女士与酒之一座结下了不解之缘。他们开始一起尝试以山之寿造酒的日本酒为基酒制作梅酒。很多特别的想法被提了出来，草莓、菠萝、葡萄柚、荔枝

等水果被拿来制成了各种梅酒样本。那时，一行人在山口女士喜欢的咖啡厅里一边闲谈一边进行策划会议。最终山口女士表示，"我觉得杞果梅酒好！！"由此诞生的便是FURUFURU全熟杞果梅酒。

"最终全熟杞果梅酒大获成功，并以此拉开了梅酒热潮的序幕。各家居酒屋变得开始欢迎新品种梅酒，而他们也因为梅酒吸引到了许多年轻顾客。"小平女士说道。

接下来我们要去参观创立于大正十一年（1922年），福冈县大川市的"若波造酒"。"下一家酒厂也有非常可爱的女性酿酒师。"说这话的新宅先生看起来很期待。迎接我们的是若波造酒第3代所有人的千金，同时也是酿酒师的今村友香女士，以及她的弟弟嘉一郎先生。

"在我们研究新的梅酒商品方案之前，友香女士开发的，以叫作'甘王'的本格烧酒作为基酒的草莓利口酒大受欢迎。我们决定以此为基础，尝试开发浆果系的梅酒。于是以若波造酒生产的日本酒为基酒，开发了

1

工厂/2
若波造酒

→ 数据
福冈县大川市钟之江752
☎：0944-88-1225

'Parfait'系列。"小平女士回忆道。友香女士接着解说道："现在Parfait系列有正宗黑加仑梅酒、草莓梅酒、混合浆果梅酒，这3种梅酒。因为喝起来有甜点的味道，所以特别受到女性顾客的欢迎。"

在若波造酒，只要事先申请，就可以参观学习清酒以及利口酒的酿制，并且会提供试喝。试喝角被布置成正统酒吧的样子，让人心情放松，而且限定每天一组，可以说十分奢侈了。

"我想和Parfait系列一起试喝的酒，就是酒之一座协同九州5家酒厂一起制作的'tete'系列。"新宅先生提到。于是试喝空间的桌子上，被摆上了5支装着金色液体的瓶子。这就是酒之一座所开发设计的商品。

当我提出有什么不同的疑问后，他回答："虽然5瓶酒看起来都一样，但是各自所属的酿酒厂并不一样，味道也完全不同。而故意设计成一样的外观，是为了在对比饮用时更有乐趣。"这就是（新宅先生）出于这样的玩心而开发的商品。这个系列的主题是"旅行的梅酒"。5瓶梅酒各自以世界上的著名城市命名。例如，若波造酒生产的叫作"tete伦敦"，这是一款带有桃子浆果与花草香气的梅酒。

2

3

4

1 酿酒师的今村友香女士（右）与弟弟——第4代所有人（预定）的嘉一郎先生（左）。可以在这里试喝极具人气的Parfait系列
2、3 想着"要成为可以看得到制作和成品的酒厂"，所以在清酒和香甜酒酒厂的深处设置了试饮角。是一个宛如隐居之处的宁静空间
4 tete系列梅酒中使用了多种花草以及水果。能给人带来浓厚而细腻的优雅时光

　　"1893年，著名歌剧演唱家内利·梅尔芭造访了伦敦，身为主厨的埃科菲制作了一款'桃子·梅尔芭'的甜点。而这款梅酒就是以那个传说中的甜点为灵感开发的，通过花草提升了桃子和浆果的香气。从那以后，若波造酒生产的tete便被命名为伦敦。"新宅先生解说道。tete系列自2010年开发以来一直都深受日本全国的欢迎。

关于新商品tete系列交换意见的酒之一座的成员们。合作酒厂包括若波造酒、山之寿造酒、天吹造酒、小林造酒总店、宗政造酒

在梅酒大师所在的店里

一定可以遇到『命中注定的那一瓶』

请来这家店，它一定可以帮到你！

如果你有这样的迷惑，

『想要尝试和平时不太一样的梅酒的时候，经常会觉得不知道如何选择』，

在"里之酒店"的店面里，店主的父亲明彦先生正在热情地做着解说。在这里，以全熟杜果梅酒为首，酒之一座开发设计的梅酒都是人气商品。下酒菜也丰富

里之酒店

数据

福冈县行桥市行事7-5-12

☎：0930-22-2673

JR日丰本线行桥车站下车以后步行5分钟

营业时间/9:00~19:00、10:00~18:00（节日）

休息日/星期日

当地酒类专营
山田酒店

→ 数据

佐贺县佐贺市赤松町7-21
☎：0952-23-5366
JR长崎本线佐贺站下车以后步行30分钟
营业时间/9:00~20:00、9:00~18:00（星期日、节日）
休息日/不定期休息（主要是星期日）

在梅酒专家所在的店里
打开梅酒世界的大门

"我们酒之一座所开发的梅酒会经过批发商之手陈列到酒铺中。而购进这些梅酒的多是一些抱着好玩心态的有趣店主。"小平女士说道。接下来她会带我去3家她特别推荐的店铺。

"首先是'山田酒店'，之后再去'田村总店'。这两家店各自的店主分别是山田晃史先生和田村洋文先生，他们都是梅酒方面的专家。最后则会去'里之酒店'。在那儿有十分喜爱聊天的店主以及他的父亲，是一家十分热闹的店。"新宅先生补充道。

3家店都以收集九州当地所有的优质酒为骄傲。他们都切身体会到了梅酒热潮的到来，并且充实了自己的梅酒收藏。"梅酒并没有像日本酒那样已经确立了明确的品牌，所以最初的印象更多是来自名字是否帅气，标签是不是足够漂亮，大多数人会以这样的直观感受来进行选择。这时候将自己的喜好告诉店主，让经验丰富的店主帮忙挑选，是一个与'命中注定的一瓶'相遇的不错方法。"小平女士说道。

田村总店

→ 数据

福冈县北九州市门司区大里本町2-2-11
☎：093-381-1496
JR鹿儿岛本线他鹿儿岛本线门司车站下车以后步行10分钟
营业时间/9:30~18:30
休息日/星期日、节日

专家为你
挑选的

"酒之一座" "梅酒大师JAPAN"

超级严选的梅酒10瓶

日本梅酒

强力推荐

日本红茶梅酒
KUREHAROWAIYARU
嬉野格雷伯爵茶（右）
& tete系列（左）

"日本红茶梅酒，在天色尚早的时候，推荐兑入一半苏打水饮用，如果是悠闲的夜晚，那么推荐加冰享用。被格雷伯爵茶那奢华的香气，带入一段优雅恬静的时光。tete系列有着通透的金色光泽。其中隐藏着9种不同的香草和水果的力量，是一款适合度过浓厚而又细腻的优雅时光的利口酒。"

➡ 数据

日本红茶梅酒：大山梦工房
酿造酒为基酒/500 mL

tete系列：5家九州酿酒厂

本格烧酒为基酒/720 mL

推荐人

冈本启先生

"红茶专营店 红叶"的店长
红茶&花草茶的综合讲师

强力推荐

新生姜梅酒
（右）&
八岐梅酒南高梅（左）

"给人全新感觉的姜汁饮品，一款'新'的梅酒，生姜那独特的刺激口感给人带来不一样的感觉！喝上一口，整个人便感觉清醒了，喝上两口，身体就会变得温暖起来。八岐的梅酒南高梅是只有梅的名产地才能生产出来，给人心灵以直接冲击的极品梅酒。"

➡ 数据

新生姜梅酒：友枡饮料
米烧酒为基酒/720 mL
八岐梅酒南高梅：平和造酒
酿造酒为基酒/720 mL

推荐人

山田晃史先生

"山田酒店"店主、梅酒大师

强力推荐

繁枡纯米梅酒

"日本酿酒师拿出全部本领来制作的梅酒原来这么好喝！这款梅酒可以说是上述情况中的一个标准范例。喝上一口，它的香气会让你觉得梅林的风景浮现到了眼前，它的酸味更是与咸梅形成了绝妙的对比，如此高超的完成度，让人忍不住想为这款梅酒鼓掌！"

➡ 数据

高桥商店
纯米酒为基酒/720 mL

推荐人

田村洋文先生

当地酒铺"田村总店"店主

接下来，酒之一座与梅酒大师JAPAN的专家们
将会为读者们推荐各种梅酒，
包括绝对不能错过的究极梅酒。

梅仙人屋久岛TANKAN 梅酒（右）&梅仙人门司 港香蕉梅酒（左）

"屋久岛TANKAN梅酒的香气给人一种极具深度的印象，让人联想到屋久岛的自然风光。属于数量限定商品。门司港香蕉梅酒则有着浓郁的香蕉香味，与其清爽的口感形成了鲜明的对比。充满复古风情的街道给门司港带来了一分怀旧的魅力。"

→ 数据

2瓶都出自小林造酒总店

日本酒为基酒/720 mL

▶ 推荐人

庄岛瑞惠女士

酒之一座的策划者

加贺鹤白兰地梅酒（右）&南部美人无糖 梅酒（左）

"加贺鹤白兰地梅酒是金泽名门们的新欢。有着经过橡木桶二次发酵的白兰地独有的甘醇与浓郁的香气，为了突显成熟的口味，在甜度上进行了控制。加入苏打水和冰块来上一杯，你一定会爱上它。南部美人无糖梅酒，是只靠日本酒浸泡出梅子浸出物的禁欲系梅酒。有着德国白葡萄酒一样的辛辣口感，推荐冷藏以后饮用，加冰块也是一个不错的选择。"

→ 数据

加贺鹤白兰地梅酒：YACHIYA造酒

白兰地为基酒/500 mL

南部美人无糖梅酒：南部美人

日本酒为基酒/720 mL

▶ 推荐人

新宅桃之先生

酒之一座的策划者

阿波罗血橙梅酒

"产自意大利西西里岛的血橙带着阳光的气息以及拉丁风情，果汁的味道也十分出色。花酵母酿制的日本酒，品质优秀，有着良好的余韵。即便是不擅长喝酒的人，应该也可以尽情享受的一款梅酒。"

→ 数据

天吹造酒

日本酒为基酒/720 mL

▶ 推荐人

小平幸惠女士

酒之一座的策划者

日本梅酒

某家酒铺

梅酒酒痴的

简介 ——————
静冈县 丸河屋
河原崎吉博先生

到20多岁为止还不怎么饮酒的
酒铺第3代。有着品酒师、侍酒
师、日本酒讲座和梅酒讲座的讲
师等多个面孔。凭借着广阔的知
识面，以及对各种酒的特性的活
用，一直在做着属于自己的究极
美酒的研究，今天也一样一心扑
在对梅酒的研究上。

店铺数据 ——————
静冈县静冈市葵区田町2-104
☎:054-252-7817
营业时间/8:30~18:30
休息日/星期日、节日

无法停止
对梅酒的爱的
男人的故事

深深地被
梅酒俘虏

传记

最初决定试着自己制作梅酒是因为职业是酒铺老板的关系。
所使用的材料和配方都十分简单明了，但是越是深入了解越发现梅酒的世界是那么广阔。
记录了怀揣着探究的心理，一心想酿制出属于自己的究极梅酒的男人的生活轨迹。

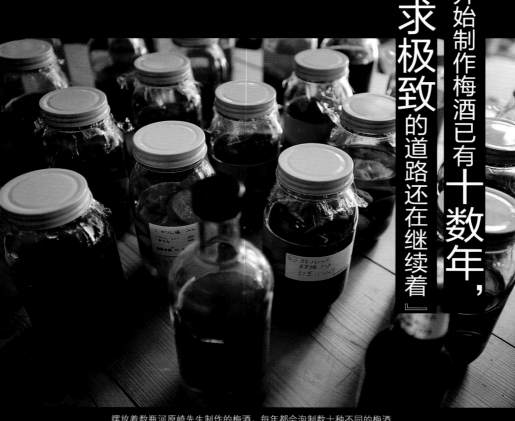

摆放着数瓶河原崎先生制作的梅酒。每年都会泡制数十种不同的梅酒

想要制作属于自己的梅酒
只有亲手实践这一条路。
一旦这么想了以后
便开始动手尝试起来。

　　河原崎先生表示："制作梅酒就像是烹饪料理一样，需要经过各种实验。在实际亲手操作并品尝之前，是没有办法知道味道的。例如，将黑糖当作增加甜味的因素加入到梅酒中的时候，会觉得使用块状黑糖会有更好的效果，但是实际情况是，块状黑糖中含有的大量矿物质会给梅酒带来不好的影响，产生出来的异味会使梅酒变得难喝。可是如果使用粉末状黑糖来代替的话，则会产生出柔和的口感。"

　　其实河原崎先生不仅精通梅酒知识，同时也是一位品酒师、酒匠（日本酒以及烧酒的职

这是河原崎先生所推荐的泡制梅酒专用的酒，分别是梅酒专用日本酒和梅酒专用秘藏酒

上：店里摆放着各种值得推荐的珍藏梅酒
左：出于实验性的目的而泡制了种类繁多的梅酒，所以正在写记录制作日期的标签和一览表

这里是关键　　河原崎先生研究出来的

提要！
制作梅酒的心得

开始制作梅酒之前需要准备的事情就是这个！记住必不可少的准备工作和基础配方

1) 梅子在去蒂以后要仔细清洗。

清洗完毕以后要自然吹干。
2) 不可以使用毛巾擦干。
尽量选择好天气制作，这样梅子才能够快点干。
放在毛巾上吹干是可以的。

3) 瓶子在清洗干净以后要用毛巾擦干，使用前要用基酒进行消毒。

4) 梅子、酒和糖的比例
甜口基本上是1：1：1＝梅子1 kg+酒1.8 L+糖1 kg
辛口基本上是3：3：1＝梅子1 kg+酒1.8 L+糖333 g

业品酒人&顾问）、侍酒师等，拥有各种关于酒的资质，是专家中的专家。另外，他从2005年开始在当地的文化教室里担任"梅酒讲座"讲师的职务。因为觉得"总是同样的东西就太没意思了"，所以在讲座上每年提案的配方都会有3种不一样。这个可能就变成了他制作梅酒的最大契机了。到目前为止，他研究制作过的梅酒大约有数百种之多。主要是使用当地静冈采摘的梅子，以及纪州南高梅等。基酒方面则以标准甲类烧酒为首，也会尝试使用白兰地、龙舌兰等洋酒。使用了黑糖或者果糖来增加甜度的梅酒，会配合所使用的素材进行细微的调整。至于加入了少量佐料来创造调味秘方的梅酒，每年会有20种以上不同的配方。

"也会有制作的时候没有考虑太多，但是成品却惊人的美味的时候，反之亦然。没有什么是正确答案，所以我会将我想到的全部都尝试一遍。"当我问到有没有失败过的时候，

正因为是酒铺
所以才能做得到

在家中自己制作梅酒的时候可以参考一下下面的内容。

只是改变使用材料或者用量，所制作出来的味道就会有极大的不同，而这种变化正是制作梅酒的乐趣。

无论如何都想制作
"家庭制味淋梅酒"

使用过各种不同品种的酒制作梅酒的河原崎先生表示，在梅酒的制作中曾经将"味淋"作为一种基本材料关注过。不过根据日本的《酒税法》规定，使用酒精浓度在20%以下的酒浸泡梅子的时候，可能会出现因为产生发酵而生成酒的问题，所以个人是不可以使用味淋或者葡萄酒等低度数的酒来制作梅酒的。但是酿酒厂等厂商使用味淋制作的梅酒是那么的美味。所以到底能不能想点办法，让一般家庭也可以用味淋来制作梅酒呢？于是，河原崎先生连同友人与"日本果酒俱乐部"展开了合作，在经过一系列失败之后，通过将纯米本味淋和本格烧酒进行混合，最终将酒度数提高到了20度以上，开发出了果酒专用的"味淋利口酒"。

这款利口酒最大的优点就是完全不需要加入冰糖等糖类。这是因为味淋本身就有着较高的含糖量的关系。又因为越是含糖量高的酒，浸泡出梅子中的浸出物的能力就越强，因此从开始制作到可以享用只需要1个月的时

1

黑糖烧酒30度
360 mL
+
黑糖粉200 g
+
梅子210 g

有着黑糖独有的浓厚甜味和梅酒特有的酸味，两者之间取得了绝妙的平衡。口感黏稠

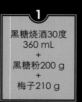

2

白兰地360 mL
+
果糖70 g
+
红茶1茶包
+
梅子210 g

红茶带来了温和圆润的口感，使得这款梅酒更容易入口。虽然作为一款白兰地梅酒来说是成功的，但是直接饮用的话好像有点酒精浓度过高

3

甲类烧酒35度360 mL
+
果糖50 g
+
绿茶1茶包
+
梅子210 g

虽然可以很好地在余味中感受到梅酒特有的酸味，但是就我个人而言希望可以更甜一些

4

甲类烧酒35度360 mL
+
果糖100 g
+
绿茶1茶包
+
梅子210 g

将果糖的用量翻倍以后感觉这次又太甜了。由此类推，对应甲类烧酒35度350 mL，果糖的

间。如果要形容它的味道的话，大概是"高雅中透着奢华，不同凡响的香气和甜味"。正所谓百闻不如一见。这大概是日本第一次可以在家用味淋泡制的梅酒，请一定要试试看。

　　这里还要告诉大家一个小诀窍，这些年我做过各种尝试和挑战，终于找到了将制作阶段的梅酒放入冰箱中冷藏，使其经过长时间的发酵，将梅子中的精华完全浸泡出来的方法。其实，这是一个偶然间诞生的想法。那年我做了一个实验，将配方完全相同的梅酒通过常温和冷藏分别保存，准备一年以后再饮用并进行对比。"第一年冷藏的梅酒酸味太过明显，并不好喝。当时我以为这就算是制作失败了，剩下的酒也就放在那里没有动。没想到3年后我再喝的时候，竟然感受到了和常温制作的梅酒完全不一样的味道，最终呈现出了充满果香而又典雅的甜味。感受梅酒因为泡制的时间长短，而产生出的味道上的不同变化，这也是制作梅酒的一大乐趣。"

就是这个味道！

　　所以说制作梅酒真的是充满了乐趣，完全停不下来。

提要！
2009年泡制的梅酒配方！

5

日本酒360 mL
+
果糖70 g
+
绿茶1茶包
+
梅子200 g

余味中可以感觉到恰到好处的酸味，整体的平衡掌握得恰到好处。绿茶与梅子一起浸泡5分钟左右取出

6

梅酒专用秘藏酒
360 mL
+
梅子200 g

使用由我开发的味淋利口酒"秘藏酒"泡制。活用了酒曲甜味的梅酒。就算不使用糖类也可以制作梅酒！这款梅酒证明了这一点

7

日本酒360 mL
+
果糖70 g
+
红茶1茶包
+
梅子200 g

余味中可以感受到红茶的香味。只是因为茶包浸泡在酒中太长时间的关系，整体稍显浑浊

8

梅酒专用秘藏酒
360 mL
+
红茶1茶包
+
梅子200 g

使用红茶作为调味秘方十分成功的一款，只是稍微有一点浑浊。使用味淋利口酒泡制的梅酒，不管是加红茶还是绿茶，都很适合

记住这些！ 河原崎先生的推荐

梅酒特别讲座

—— 标准篇 ——

最普通的 制作方法	控制甜度的 制作方法	日本国税厅酿造试 验场所推荐的配方
1	**2**	**3**
白干儿 （甲类烧酒35度）1.8 L + 冰糖1 kg + 青梅1 kg	白干儿 （甲类烧酒35度）1.8 L + 冰糖0 g~500 g + 青梅1 kg	白干儿 本格烧酒1.8 L + 冰糖500 g + 青梅1 kg

---

9

驹1.8 L+冰糖700 g+
杏仁+梅子（南高梅）
1 kg

加入了一些杏仁粉作为调
味秘方，可以充分感受到
所使用的麦烧酒的香味。
无可挑剔的味道！南高梅
不愧是梅子中的王道选择

10

驹（麦烧酒）360 mL
+
果糖70 g
+
绿茶1茶包
+
梅子200 g

可以从酒中感受到鲜活的梅子和
绿茶的味道。麦烧酒将一切都完
美地调和在一起

11

驹（麦烧酒）360 mL
+
果糖70 g
+
红茶1茶包
+
梅子200 g

这款也跟加了绿茶的那款梅酒一
样，梅子和红茶的味道都得到了
很好的发挥。顺带一提，"驹"
这款麦烧酒本身也很适合兑茶
饮用

12

富士正360 mL
+
冰糖60 g
+
梅子（红映）
200 g

制作以后需要立刻放入冰箱冷
藏保存的一款梅酒。感觉将冰
糖增加到100 g，储存3年以后
会非常美味

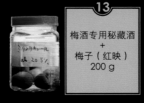

13

梅酒专用秘藏酒
+
梅子（红映）
200 g

味淋的酒曲甜度高，而红映是
以酸味著称的梅子。虽然最终
成了十分具有个性的味道，但
是在平衡感上似乎有所欠缺

进阶篇

以本格烧酒 为基酒 **1**	本格烧酒加 上调味秘方 **2**	使用白兰地制 作成熟的味道 **3**
本格烧酒1.8 L + 冰糖500 g + 青梅1 kg	本格烧酒1.8 L + 冰糖0 g~400 g + 调味秘方 + 青梅1 kg	白兰地1.8 L + 冰糖500 g~1200 g + 青梅1 kg

爱好者篇 / 狂热篇

使用全熟梅 子增加香味 **1**	使用日本酒 （alc20%以上） **2**	只使用纯天 然素材
各种酒1.8 L + 冰糖0 g~400 g + 全熟梅子1 kg	日本酒1.8 L + 冰糖0 g~700 g + 青梅1 kg	生酛系纯梅酒无过滤原 酒（20度以上）1.8 L + 糖 + 青梅1 kg

14

七田纯米360 mL
+
冰糖100 g
+
梅子200 g

酒中各种味道之间的平衡恰到好处，是一款美味的梅酒。不论是冲击性的香味，还是酸味、甜味等，全部都表现完美，让人不能不喜欢

15

甲类烧酒360 mL
+
果糖70 g
+
红茶1茶包
+
梅子210 g

余味中可以感受到红茶的浓郁香味，和果糖带来的甜味形成了绝妙的组合。红茶和绿茶都有着独特的风味，并且和梅酒的酸甜口味十分搭配

16

甲类烧酒35度
1.8 L
+
冰糖500 g
+
梅子（红映）
1 kg

只需一口便可以感受到梅酒中明显的酸味。因为使用了酸味强烈的品种红映，所以冰糖的用量定在了500 g，但是好像还

17

白兰地360 mL
+
果糖100 g
+
蜂蜜5 g
+
梅子210 g

梅酒储藏的时间越久，酸味就会越明显，但是那是一种先酸后甜的酸味。蜂蜜和白兰地实在是一个不错的组合，十分

达人所选择的

除了自己研究开发的味淋利口酒以外，河原崎先生还推荐以下几种酒！

推荐

梅酒专用秘藏酒

1.8 L

在纯米本味淋中加入本格烧酒混合而成，酒精浓度得到增加的"味淋利口酒"是由河原崎先生研究开发的。在1个月后将梅子的果实从梅酒中取出是关键点。如果继续浸泡下去的话，味道会变酸，需要小心（使用味淋泡制的梅酒味道十分美味，请一定要试试看！/河原崎）

一旦开始自己泡制梅酒就会变得欲罢不能

在目前所学知识的基础上，我又询问了河原崎先生关于制作梅酒的诀窍。"最重要的关键点是绝对不能错过捞出梅子的时机。完成梅酒的前期制作还只是整个过程的一个阶段。要等到取出泡在梅酒里已经被榨干了浸出物的梅子后，第一次尝到梅酒的味道时，才算真正的完成。如果基酒是烧酒的话，那大约需要1年的时间。日本酒以及味淋的萃取能力比较强，所以只要在完成浸泡后经过1个月左右就可以饮用了。新鲜的梅酒在帮助人们对付苦夏上可以起到不错的作用。

"还有一点，就是推荐用小瓶泡制，并且存放在眼睛可以

是要！

河原崎先生推荐的梅酒选择

在自己动手制作梅酒上燃烧着无尽热情的河原崎先生，不仅自己制作了众多梅酒，在店里也陈列着他丰富的收藏。从那些藏品中挑选了几款适合平时饮用的梅酒介绍给大家。不论哪一款都好地表现出了梅酒的优点。

停不下来～

纪州梅酒　石神

500 mL

使用了酒厂所拥有的农园里通过有机栽培种植出来的全熟纪州南高梅。有着像是苹果一般明亮奢华的香气以及高雅的味道，而这一切都要归功于所使用的全熟梅。每年只生产700瓶的限定商品。如果喜欢梅酒的话，请一定不要错过这瓶梅酒

黑糖烧酒 喜界岛30度

1.8 L

所选用的烧酒在制作时使用了奄美诸岛出产的黑糖作为原料，这款梅酒味道浓厚，有着平衡感十足的好味道。有着与朗姆酒相似的甜度和利口酒应有的清爽。"本来就好喝的酒，制作成梅酒也一样好喝"是河原崎先生的信条（黑糖烧酒与黑糖泡制出来的梅酒有着独特的味道/河原崎）

白兰地V.O

1.8 L

制作梅酒的大公司"俏雅"所研发的果酒专用白兰地。香气扑鼻且口感圆润，让人忍不住会直接饮用。用它代替白干儿来泡制的话，你会发现制作出来的梅酒会与之前的味道有所不同，有着更加浓厚的味道（推荐给有一定梅酒制作经验的人/河原崎）

梅酒专用日本酒

1.8 L

由喜爱梅酒的酿酒厂的老板娘所开发。没有任何异味，有着干净清爽的味道，特别适合用来制作梅酒。用这款酒浸泡过的青梅吃起来也十分美味。因为浸出能力强劲，所以使用这款酒时梅子只需要浸泡3~6个月就可以取出来了（直接饮用也是一款十分美味的好酒/河原崎）

驹

1.8 L

由地处宫崎的酿酒厂"柳田酒藏"所酿造，少有的带有弱碱性的烧酒。会出现这样的情况是因为酿造这款酒所使用的是雾岛山系的地下水，这种水含有碱性物质。这款酒的口感圆润易于入口，同时也能很好地发挥梅子的个性（含有丰富的矿物质，对身体有好处，是一款十分有魅力的好酒/河原崎）

经常看到的地方。如果使用大瓶子的话，很容易不自觉地越藏越深，然后就忘记它的存在。难得自己亲手泡制的梅酒，就这么被遗忘就太可惜了，一定要享用到最后才行。"

　　梅子和作为基酒的酒，还有糖。虽然材料简单，但是如果自己制作的话，却能够产生出无数的可能性。顺便一提，已经亲自动手制作了数不尽的梅酒的河原崎先生，据说还没有找到他想要的那一瓶"属于自己的究极梅酒"。"也许穷尽一生也无法实现……也许有一天能够像葡萄酒一样限定'这片田里这棵梅树'，使用经过严格挑选的梅子加上白干儿和糖来制作梅酒，这是我的梦想。标准的配方能够将梅子的个性发挥到极致，果然最简单的酒与糖的组合才是最好的。"

　　本来我个人是比较偏好葡萄酒和日本酒的，但是看到河原崎先生关于他那"究极的梅酒"滔滔不绝的样子，我的内心也涌现出了想要找到属于自己的那瓶的想法。

小正的梅酒

720 mL

使用了奈良的梅农户"王隐堂农园"所出产的青梅。使用红薯、小麦、大米分别酿制出来的烧酒制成3种梅酒，然后再将它们以一种绝妙的比例混合而成了这款梅酒。这款梅酒充满果香且容易入口，如果直接饮用的话可以感受到一股像是杏子一样的香味

加贺梅酒

720 mL

所使用的梅子是福井产的青梅红映。在第一年将梅子取出，之后再储存大约2年的时间待其发酵。虽然简单，但是味道深远。它的味道得到大众的认同，在全日本航空的头等舱都可以看到它的身影

千寿　纯米梅酒

500 mL

使用了静冈县磐田市的丰冈梅园所采摘的南高梅的青梅。这些梅子是由酿酒厂"千寿酒藏"的员工们，每年全体总动员细心挑选出来的，再加入天龙川的地下水酿制的纯米酒制作成了这款梅酒。是一款在圆润口感上十分考究的佳品

在梅酒的制作过程中，不可缺少的一道工序就是将梅子从酒瓶中取出。一般来说，大多数人都会使用牙签或者竹签来取出梅子，但是河原崎先生竟然使用的是修眼镜用的一字螺丝刀！牙签或者竹签在使用的过程中很容易折断，而螺丝刀在这个时候不论是粗细还是长度都十分合适。的确，比起只是为了制作梅酒就特别购买竹签来说，这样更加节约。

技术性
得分！

使用日本酒制作的梅酒
烫过以后也一样美味

梅酒大多数情况都会加冰或者兑苏打水来饮用，但如果是用日本酒制作的梅酒，可以试试稍微煮一下再饮用。这样甜味会更加明显，味道也会变得更加深远。另外还可以将梅子浸泡在日本酒中1小时到一整晚的时间，这样制成的新鲜梅酒也很不错。日本酒中会散发出淡淡的梅子香气。

攻击有效！

梅酒减肥小体验

含糖量高的梅酒竟然可以拿来减肥，这大概很难想象。河原崎先生表示："当时并没有打算要减肥，只是每天在吃饭前喝一些梅酒而已，结果经过半年的时间竟然瘦了下来。"据说，因为梅酒的味道浓厚，所以即便只喝1杯，胃肠道都会因此感到满足，于是在之后食物的热量吸收上就会减少……虽然并没有十分科学的依据，但是也有值得一试的价值不是吗？！当然，每天的均衡膳食和健康的生活习惯也不能忘记。

赢得一局！

专家不使用竹签！

的道场

由河原崎先生传授的
在享受梅酒时需要提前知道的几点小知识！

制作梅酒时的
4大要诀

严禁使用冷冻过的梅子

经过冷冻保存的梅子，细胞壁已经受到破坏，发酵时间会更短。但是泡制出来的梅酒容易浑浊，所以尽量不要冷冻。

过了1年左右的时间后取出梅子

梅子的浸出物完全析出大概需要1年左右的时间。在那之后泡出来的都是涩味。所以虽然将梅子整个泡在酒里看起来会很美观，但是如果保存时间超过1年的话，要尽早将梅子取出来。

使用本来就很美味的好酒来浸泡

用本来就不好喝的酒来泡制梅酒，以为制作成梅酒也许就会变得好喝了，这种想法是绝对不可以的。只有本来就好喝的酒才能制作出真正美味的梅酒，所以在制作梅酒的时候，在选择使用的酒上千万不要吝啬。

遵守规则也一样很开心

使用酒精浓度20度以下的酒来制作梅酒，又或者是将个人制作的梅酒出售给他人，这也是绝对不可以的！在遵守规则和法律的前提下享受梅酒带来的快乐，这是最基本的原则。

攻击有效！

河原崎流派

美味梅酒

最近数年，出现了越来越多的"绿茶梅酒"，河原崎先生也受到了一定启发，开始在自己制作的梅酒中加入茶包作为调味秘方。其中最重要的就是取出茶包的时机。浸泡5分钟左右以后取出，香味就已经十分足够了，不仅如此，在那之后储藏的时间内这个香味也会被一直保持着。茶包泡得越久，红茶或者绿茶的香味就会越明显，不过苦味和涩味也会在酒中出现，所以要十分小心。

茶包绿茶&红茶的调味秘方

赢得一局！

技术性得分！

只是加入一根松叶就可以让梅酒的味道变得更好

虽然梅酒很美味，但是好像有点太甜了……向有这种感觉的人推荐一个小技巧，就是在制作过程的最后加入一根松叶。松叶带来的恰到好处的苦味使得梅酒不再那么腻人。而且在中国，松叶有使人长生不老，作为灵丹妙药被仙人们所食用的传说。另外，它的确能够对动脉硬化、脑梗死起到预防的作用。其净化血液和抗衰老的效果也很令人期待。

我的梅酒 推荐清单

手工制作的味道是那么的别具一格！

梅酒不只可以拿来喝，还是在料理舞台上也十分活跃的万能酒。梅酒中含有大量健康所需的营养元素，对身体十分有好处。制作方法也非常简单，材料只有梅子、酒和糖，之后只需将它们泡在酒瓶中就可以了！下面将会介绍我的美味梅酒，还请尽情参观我家的餐桌。

即便用同样的方法来制作

每年制作出来的梅酒也不尽相同

这种『由天安排』的感觉也是一种乐趣

简介
滨田阳子女士/Yoko hamada

料理研究家兼营养师。Studio coody
董事长。研究领域包括"生活习惯
病""幼儿营养""孕产妇营养"
等。通过参加各种媒体节目、聚会活
动、公开演讲等所积累的知识，开发
出了一系列有益于身心的美味食谱

作为料理研究家的滨田阳子女士不仅活跃于电视和广播，还经常进行演讲活动，并在杂志、WEB上进行连载等。在活跃于各个层面的同时，她还是两个孩子的母亲。她在生活习惯病、食品教育、减肥等专门领域都颇有建树，对于将"美味的料理有益于身心"作为信条的滨田女士来说，梅酒是保证家庭成员健康的一种不可或缺的存在。

"使用了富含营养的梅子，经过无添加剂的纯手工制作而成的梅酒，仅仅这样就已经足够让人可以安心地饮用，再加上梅酒那纯净温柔的味道，真的是一种可以令人身心都得到放松的美食。虽然加冰饮用的情况占大多数，但加入牛奶或者苏打水，甚至是生姜或者花草，调配出全新的味道也很不错。作为制作料理时的调料秘方来使用的话，水果的甜味会让料理的味道更加具有深度，所以十分值得在各种食谱中尝试。"

左：滨田女士特制的梅酒。梅子的表皮膨胀，果肉中的成分被很好地浸泡到了酒中。梅酒整体呈现出漂亮的琥珀色，看起来十分美味
右：滨田女士十分喜欢酒，并不仅限于梅酒。不过梅酒有着手工制作才有的独特味道，所以是特别的

滨田女士所制作的梅酒主要使用白干儿和白兰地这两种酒作为基酒。"越是单纯的配方制作出来的梅酒越不容易失败，而且也十分美味。"所以她会使用果酒专用酒和冰糖来泡制梅酒。滨田女士表示，像这样选用最基本的材料，然后享受制作的过程，正是梅酒的魅力所在。

专栏

我推荐的梅酒活用法

烹饪

炖菜的调味秘方

梅酒可作为调味料，或者为食物增加隐藏的味道。如果代替味淋在煮炖菜的时候使用，由于加热的关系梅酒中的酒会被挥发，只留下鲜味和甜味形成一种独特的风味。如果和酱油一起煮的话则可以制作照烧，应用范围十分广泛。

饮料

可以和任何饮料进行组合

不但可以和苏打水以及酒进行组合，梅酒和各种饮料都有着不错的兼容性。滨田女士就特别喜欢"肉桂牛奶梅酒"，有着甜点一样的味道。

制作方法
梅酒……80 mL　牛奶……150 mL
肉桂粉……少许
1.在玻璃杯中注入梅酒，之后加入牛奶搅拌。
2.最后在上面撒上肉桂粉

"存放1年、2年、3年以后，当你回想起当年制作时的情景，就更能够真实体会到家庭成员的成长和变化，能够带来这种特别体验的也可以说是家庭自制酒的醍醐味了。即便使用同样的配方，也会因为素材以及气候的原因，导致最终出现不同的变化。这是一种与自然同在的特别风情，如果能够坦然地接受失败的话，内心也会变得更加富有呢。"

● ● ● ● ● ●
要点
制作梅酒的小窍门

使用冷冻一晚的梅子是滨田女士的小窍门。冷冻过的梅子在融化的时候，细胞受到了破坏，想要浸泡出其中的浸出物就会变得更加容易，所以如果使用冷冻过的梅子的话，只需1个月就可以泡制成功。

只需冷冻一晚便可以节省很多时间，所以请一定尝试一下

梅
Plum

迈向我的美味梅酒的第一步

制作梅酒的基础

自己制作、培育、品尝。尽管素材和过程都很简单，但是其中却有着动手才能够感受到的乐趣。首先先来介绍一下制作梅酒所必须的基础知识。

梅子是制作梅酒过程中的主角。正因为如此，在材料的准备上必须做到万无一失。梅子很容易受到损伤，所以尽可能能获取新鲜的梅子，然后尽快开始浸泡的工作。如果在家附近能有产地直销商店的话，亲自去实地挑选购买是最保险的方法，通过网络购买产地直销的梅子也是可以的。如果要在超市选购的话，请选择没有被闷在塑料袋中的梅子。

主要的梅子种类与特征

【南高梅】
主要产地：和歌山县

粒大、核小、肉厚。果肉中的成分容易浸泡出来，即便浸泡时间不长香味也十分浓郁

【古城梅】
主要产地：和歌山县

酸味和咸味之间的平衡恰到好处，可以制作出能够很好地发挥出所使用的酒与糖的特色的梅酒

【白加贺】
主要产地：群马县

拥有淡淡的梅子香与苦涩的风味，可以制作出口感清爽的梅酒

要点
挑选梅子的诀窍

挑选有弹性有光泽的
挑选表面有光泽，看起来水淋淋的梅子。尽量挑选果实个头比较大的梅子，这样才能够含有大量的果汁和果肉

避免挑选有伤的
使用有伤的梅子会导致制作出来的梅酒浑浊。如果想要制作出琥珀色的梅酒的话，请使用无伤的梅子

酒

Liqueur

糖

Sugar

在选择基酒的时候多会选用白干儿等甲类烧酒。如果是第一次制作梅酒的话，白干儿会是一个比较安全的选项。等熟练以后，可以选择喜欢的牌子的烧酒进行各种挑战。不过要注意，《日本酒税法》规定必须使用酒精浓度20度以上的酒。其实使用度数高的酒，在卫生方面和储存方面都十分有利。

一般来说，制作梅酒时会选用冰糖。用量大约是所使用梅子重量的六至七成。这样可以制作出相对而言比较清爽的梅酒。制作梅酒时选用会逐渐溶化的冰糖是最适合的（参考P152），不过其他糖也可以用来制作梅酒。所使用的糖不同，制作出来梅酒的甜度以及风味都会有所不同，所以可以尝试使用不同的糖来制作属于自己家的味道。

主要的梅子种类与特征

【果酒专用白干儿】
在日本的超市和酒铺等店面都可以购买到这款酒。而且上面写着果酒专用，可见选它肯定没有错。而且是最适合制作梅酒的1.8 L装，可以说使用起来十分趁手了

【果酒专用白兰地】
一般牌子的白兰地作基酒的话，可能会存在个性过于强烈的情况，所以选用果酒专用的白兰地就大可以放心了。制作方法和白干儿一样

可以使用这些糖来制作梅酒

【黑糖】
如果使用黑糖来制作梅酒的话，最终成品会发黑且浑浊。又因为黑糖是没有经过精制的糖，所以会出现涩味，不过也因此能制作出拥有独特风味的梅酒

【白双糖】
和黑糖一样，因为没有经过精制，所以制作出来的梅酒浑浊且带有涩味，但是白双糖有着特别的香味，可以制作出拥有独特风味的梅酒

【砂糖】
使用砂糖会制作出高甜度的梅酒。如果一次性都加入到梅酒中，会导致无法很好地浸泡出梅子中的浸出物，所以需要好几天分次一点点加入

【蜂蜜】
可以制作出味道丰富的梅酒。只是蜂蜜很容易沉淀到梅酒底部，所以要每天充分晃动瓶身。晃动时注意不要伤到瓶中的果肉

一起来挑战!!

制作梅酒的工序

既然材料都准备好了，那么就让我们开始动手制作梅酒吧！
虽然制作方法简单，但是认真对待所使用的每一颗梅子是十分重要的。
制作的过程中越是用心，最终制作出来的梅酒就越是美味。

材料

青梅……1 kg
冰糖……600 g左右
（梅子重量的六至七成）
白干儿……1.8 L

需要准备的东西

杀菌过的保存用容器

1
将青梅去涩

将青梅仔细清洗干净以后放入大量
清水中，浸泡2~4小时以去除涩味。

要点
只有青梅需要去涩。稍微有一些成熟发黄的，
或者是全熟的梅子可以省去这道工序

2
将梅子去蒂

利用竹签等工具小心地为梅子去蒂。

要点
在使用竹签为梅子去蒂的时候要尽量温柔小心，
以免伤到梅肉。同时也要注意观察梅子本身有
没有伤痕

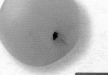

3

擦干水分

使用毛巾等将梅子彻底擦干。

要点

如果梅子上的水分没有被完全擦干的话，就很容易发霉。擦干水分以后，最好再放置于通风处

4

将材料放入瓶中

将青梅与冰糖交替放入杀菌过的保存用容器中。

5

注入白干儿

往放好材料的保存用容器中缓缓注入白干儿。

完成！

放置于避光处保存3个月以上。

需要放置在阳光无法直接照射到的地方，可以放在厨房或者起居室的架子上。摆在可以看得见的地方，观察它的变化也是一件十分有趣的事情

要点
偶尔将保存瓶晃一晃

在存放的过程中，偶尔将瓶身轻柔地晃动，有利于瓶内糖分的均衡分布。长时间的放置会使得酒中的糖分沉淀至瓶底，所以最好定期晃动。在晃动的时候，要小心不要伤害到瓶中的果肉。

冰糖逐渐溶解的过程十分重要。所以不要过分晃动瓶身

—— 专栏 ——

推荐选择可以密封的玻璃瓶

容器尽量选择可以密封的为最好。虽然容器的种类多种多样，但是最好还是选择瓶口可以用橡胶严格密封的瓶子。瓶子的素材方面，推荐选择玻璃制品，这样不但保存性能好而且卫生上也可以放心。尺寸方面，如果要用1.8 L烧酒来制作梅酒，那么容积3 L的就最合适了。

容器在使用前必须消毒。如果无法通过煮沸来消毒，可以使用酒精消毒

如此美味！

从最基础的部分到进阶以后的诀窍

Q 制作梅酒的 简单问答

即便是第一次制作梅酒的人，只要做好了充足的准备工作，一样可以泡制出很好的梅酒，这就是梅酒的魅力。
下面将会更加深入地介绍一些如何泡制出自己喜欢的梅酒的知识和诀窍。

Q-1 梅酒泡制完成需要多长时间？

饮用的时机在3个月~。如果可以放置1年的话，味道会更加浓厚。

将梅子中的成分完全浸泡出来需要至少3个月的时间。虽然梅酒经过3个月就可以饮用了，但是如果可以放置1年左右的话，那么浸泡出来的效果会更好。如果放置1年以上的话，梅酒会进入到梅子中，梅子的味道会变得更加美味。如果想要吃到美味的梅肉的话，推荐放置1年以上的时间。

Q-2 为什么制作梅酒的时候要选用青梅？

为了方便浸泡出梅子中的浸出物。
全熟的梅子也可以用来制作梅酒。

 尚未成熟的梅子核中果仁部分的成分更容易被浸泡出来。因此，在制作梅酒时多会选用青梅来浸泡。不过，全熟的梅子也同样可以用来制作梅酒。而且全熟梅泡制出来的梅酒甜味更加柔和，如果使用南高梅的话，水果的香味会更上一层楼。使用成熟的梅子时，处理起来会比较困难，要尽量选择没有伤痕的梅子。

梅酒中的梅子一直泡在里面好吗?

3个月以后就可以取出来了。

只要梅子中的成分有被浸泡出来，从酒中将果肉取出来也没关系。成分的提取会在大约3个月的时候结束。如果梅子完全沉到瓶底，那么就表示成分的提取完成了。将梅子从酒中取出来以后，可以放置在阳光无法直射到的地方继续发酵。另外，变得皱巴巴的梅子是提取失败的证据，也一并取出。继续泡下去也不会有更多的物质被提取出来了。

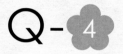

如果梅子上的水分没有擦干净会怎么样?

会变成发霉的原因。

如果不将梅子上的水分完全擦干净，在浸泡的过程中就可能会发生霉变。如果发生了霉变，那就不得不全部丢掉，所以擦干净水分是非常重要的。在去涩以后，用毛巾或者厨房用纸将梅子一颗颗细心地擦拭干净，并且仔细确认。如果有可能的话，最好再放置一晚保证梅子完全干燥。

专栏

灵活运用受过伤的梅子

受过伤的梅子是导致梅酒浑浊的原因，所以不适合用来制作梅酒。"但是如果丢掉的话就太可惜了……"考虑到有这样想法的人，下面将会介绍一个好方法！将挑出来的梅子与同等质量的砂糖一起放入别的容器中，然后放置约10天，之后再用小火熬煮，撇去浮沫以后便制成了梅子糖浆。如果有机会的话请试试看。

也可以使用冰糖来制作。
将梅子与砂糖交替放入容器中

除了烧酒、白兰地以外，还可以使用什么酒？

杜松子酒、伏特加等。也可以将品牌酒混合以后使用。

根据《日本酒税法》规定制作果酒必须使用酒精浓度在20度以上的酒，不过如果从卫生和存放层面上来考虑的话，推荐选择35度以上的酒。推荐使用杜松子酒以及伏特加等烈性酒。如果使用喜欢的品牌烧酒来泡制梅酒的话，推荐和白干儿进行1：1的混合，这样混合出来的酒来制作梅酒基本上不会失败。

专栏

具有促进食欲效果的梅酒可以帮助预防苦夏！

只要想象一下梅子酸酸的味道，口腔中就会下意识地分泌出唾液来，而唾液中含有帮助消化淀粉的淀粉酶等多种酵素。唾液的分泌增加会促进胃液的分泌。所以在餐前或者用餐过程中饮用梅酒可以帮助消化和吸收。所以为了预防苦夏，来一杯梅酒吧！

梅子具有促进胃肠道活动的功效，特别适合用来预防宿醉或者苦夏

要点
某件方便的梅酒道具

梅酒不仅可以拿来喝，还可以在制作各种料理的时候充当调味料。如果这时候能够有一个不占地方的容器来分装梅酒的话，那么需要使用的时候就可以立刻拿出来了。推荐选择可以密封的玻璃制品。

梅酒可以代替味淋或者当作色拉调料、沙司等

Q-6 为什么要使用冰糖?

因为冰糖会逐渐溶解。

A 梅酒是经过"酒通过浸泡进入到梅子中→梅子中的成分析出到酒中"的顺序制作出来的。如果在这个过程中使用了像绵白糖一样易于溶解的糖的话,糖分会比酒更快进入到梅子中,从而抑制了梅子成分的提取。所以会逐渐溶解的冰糖是制作梅酒的最佳选择。

如果在常温下放置1年的话会担心变质。能不能放进冰箱冷藏?

不能将梅酒放入冰箱中冷藏!因为会影响到发酵的进程。

A 严寒酷暑等四季气候的变化也是制作梅酒过程中必不可少的。虽然梅酒最好在低温黑暗的环境中保存,但是放入冰箱中冷藏是绝对禁止的。在保持着一定温度的冰箱中,梅酒是很难发酵的。其实只要基酒的度数足够高的话,完全不用担心变质的问题,所以即便是夏天也不需要刻意将梅酒移动到凉爽的地方。

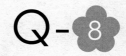

想要尝试制作黑糖梅酒。

完成后再加入的话可以避免制作失败。

在梅酒中逐渐溶解从而将梅子中的成分提取出来的糖,在梅酒的制作过程中扮演了十分重要的角色。因此在还不熟练的情况下,最好是使用冰糖来制作。当然,用黑糖或者蜂蜜来浸泡也是可以的。但是在使用冰糖以外的糖的时候,可以考虑在完成后加入以避免制作失败。不过因为减轻了冰糖的用量,所以会出现在浸泡的时候成分提取不顺利的情况,需要多加注意。

试着与梅酒一起制作
水果酒

只要有酒和冰糖，可以制作的果酒除了梅酒以外还有很多。
在精通了制作梅酒的工序以后，不论是制作什么果酒都十分简单！
请一定在制作梅酒的时候尝试制作别的果酒。

只需切块以后浸泡
简单易上手的果酒制作

在精通了制作梅酒的基本方法以后，请一定尝试挑战一下制作别的果酒。材料上可以选用白干儿或者白兰地等作为基酒，再加上冰糖即可。然后再加上想要制作的果酒所使用的水果就可以动手了。制作时还可以加入一些和水果搭配起来有着不错效果的花草香料，进行一些特别的组合，可以更好地享受到制作原创果酒的乐趣。无添加剂的果酒对身体没有伤害，而且在料理领域也有着很广泛的应用。

↑
香橙酒

↑
奇异果酒

↑
蓝莓酒

1
果酒制作中的注意事项

·不可以将自己制作的果酒进行出售。
·不可以使用酒精浓度低于20度的酒来制作果酒。
·不可以使用葡萄或者山葡萄泡制果酒。
·不可以浸泡谷类或者淀粉类物质。

要点
将瓶倒置可以加快发酵的速度!

浸泡一段时间以后，冰糖的溶解会导致果实漂浮。溶化的糖分会沉积在瓶底部分，因此为了瓶内浓度的均衡，每3天～1周的时间就将瓶身换一个方向放置即可。

液体中的糖分均衡以后，果肉中的浸出物会更加容易析出，从而加快果酒的发酵速度

2
无法通过煮沸来消毒的大型容器的消毒方法

如果想在家里通过煮沸来消毒容积1L以上的容器是非常难的。在难以使用煮沸来消毒的情况下，可以使用毛巾或者厨房用纸蘸取消毒酒精，仔细擦拭容器内壁。也可以用白干儿代替消毒酒精。

容器必须消毒。无法通过煮沸来消毒的情况可以使用酒精消毒

柠檬酒

菠萝酒

草莓酒

绝妙的圆润和浓醇口感！

香橙酒

材料

香橙……1 kg
冰糖……400 g
蜂蜜……50 g
果酒专用白兰地……1.8 L

制作方法

1.将香橙表面仔细清洗以后擦干。
2.将1连同果皮一起切成厚度1 cm的圆片。
3.将2和冰糖以及蜂蜜放入密闭容器中，之后倒入果酒专用白兰地。

备忘录
◆饮用时机：1~2个月
◆3~5个月以后取出果肉

清爽酸味带来的调和感

奇异果酒

材料

奇异果……10个
酸橙……4个
冰糖……250 g
白干儿……1.8 L

制作方法

1.将奇异果去皮，纵横切成4等份。
2.将酸橙去皮，切成厚度5 mm的圆片。
3.将1、2、冰糖交替放入密闭容器中，最后倒入白干儿。

备忘录
◆饮用时机：2个月~
◆1个月以后取出酸橙，3个月以后取出奇异果

发酵以后呈现漂亮的紫色

蓝莓酒

材料

蓝莓……1 kg
冰糖……300 g
白干儿……1.8 L

制作方法

1.将蓝莓清洗以后沥干水分。
2.将蓝莓和冰糖交替加入到消毒过的密闭容器中，最后倒入白干儿。

备忘录
◆饮用时机：3个月~
◆3~5个月以后取出蓝莓

花草香料增加了清爽感

柠檬酒

材料
柠檬……1 kg
冰糖……200 g
砂糖……50 g
柠檬草（干）……10 g~20 g
果酒专用白兰地……1.8 L

制作方法
1.将柠檬去皮，切成厚度1 cm的圆片。
2.将1颗柠檬份的柠檬皮用热水将表面仔细清洗，之后用调羹等工具将皮上的白色部分去除。
3.将柠檬草清洗干净以后擦干。
4.将1、2、3放入密闭容器中，加入冰糖和砂糖，之后倒入果酒专用白兰地。

备忘录
◆ 饮用时机：2个月~
◆ 1周以后取出柠檬皮，1个月以后取出柠檬草，2~3个月以后取出果肉
◆ 柠檬草可以增加甜甜的香味。可以根据喜好调整用量。如果没有的话也可以不加

有着轻微的百里香香味

菠萝酒

材料
菠萝……1 kg
柠檬……3个
百里香（新鲜）……10 cm长2根
冰糖……200 g
白干儿……1.8 L

制作方法
1.将菠萝的皮仔细清洗干净以后，去皮去心，之后切成厚度1.5 cm的圆片。
2.将柠檬去皮之后纵横切成4等份。
3.将百里香清洗之后擦干备用。
4.将1、2、3放入密闭容器中，之后加入冰糖，倒入白干儿。

备忘录
◆ 饮用时机：2个月~
◆ 1周以后取出菠萝的皮、柠檬、百里香，2周以后取出菠萝的果肉
◆ 百里香不放也可以。也可以使用迷迭香代替

令人心情愉快的酸味和甜味

草莓酒

材料
草莓……1 kg
柠檬……4个
冰糖……200 g
白干儿……1.8 L

制作方法
1.将草莓去蒂，擦干水分。
2.将柠檬去皮，切成厚度1 cm的圆片。
3.将草莓、柠檬、冰糖交替放入密闭容器中，最后倒入白干儿。
4.放入冰箱中冷藏保存。（因为对温度的变化十分敏感）

※照片中的果酒是根据容器的大小调整材料用量以后制作的。
※实际制作果酒的时候，请按照配方的分量来制作（推荐使用3 L的罐子制作）。

备忘录
◆ 饮用时机：1个月~
◆ 2~3个月的时候需要将酒中的果实取出

更加享受梅酒吧!

我的活用梅酒食谱

自己泡制的梅酒不仅可以拿来饮用，更可以拿来做菜。
通过食物来摄取营养丰富的梅酒，所带来的健康层面上的效果也十分令人期待。

点缀了果肉的清爽甜点

梅酒果冻

材料（4人份）

梅酒……400 mL
梅酒的梅子……1颗（将果肉切碎备用）
砂糖、蜂蜜……分别为1大勺和1/3大勺
明胶粉……10 g（用2大勺清水浸泡备用）

制作方法

1.在锅内倒入梅酒、砂糖、蜂蜜后，开火加热，在煮沸之前关火加入梅酒的梅子果肉。
2.加入泡开的明胶粉搅拌至溶解，倒入容器中。
3.放入冰箱中冷藏2~3小时。

要点

加入了蜂蜜增添了风味

在加入砂糖的同时还加入了蜂蜜，为这道甜点增添了蜂蜜独特的风味。因为酒精成分在加热的过程中被挥发掉了，所以味道更加柔和

梅子的健康效果
含有丰富的矿物质

梅子中含有丰富的铁和钾等矿物质。如果饮食不规律或者经常在外用餐的话，很容易导致矿物质摄入不足，这时候就可以通过梅酒或者梅子补充矿物质。

使用了大量的薄荷，清凉感满分！

梅酒莫吉托

材料（1杯份）

梅酒……80 mL
薄荷叶……适量
苏打水……150 mL
冰块……适量

制作方法

1.将冰块倒入玻璃杯中，之后注入梅酒并放入薄荷叶，再从上方加入苏打水。
2.搅拌后可以闻到薄荷的香气。

要点

用手将薄荷叶一片片撕碎

用手将薄荷叶一片片撕碎以后，薄荷的香气会更加突出，从而制作出好喝的莫吉托

梅子的健康效果
利用碳酸和柠檬酸来排毒！

梅子的酸味来自于柠檬酸。柠檬酸和碳酸水在恢复疲劳以及排毒上都有不错的效果，所以累了的时候请一定要来一杯。

想要稍微奢侈一下的时候

梅酒皇家科尔鸡尾酒

材料（1杯份）

梅酒……80 mL
起泡葡萄酒……80 mL

制作方法

将梅酒注入到玻璃杯中，再从上方注入起泡葡萄酒。

要点

最好选择辛口起泡葡萄酒

如果不想损害梅酒本身的风味，最好选择辛口型的起泡葡萄酒

梅子的健康效果
拥有预防生活习惯病的效果

梅子中含有具有抗氧化作用的多酚，因此饮用梅酒在预防生活习惯病上的效果也十分令人期待。

4

增添了柔和的味道和独特风味

梅酒煮鸡肉

材料（4人份）

鸡腿肉……300 g

芝麻油……1大勺

梅酒……100 mL（A）

酱油……2大勺（A）

小葱（切碎）……适量

要点

将汤汁煮干至出现光泽

一直熬煮至鸡腿肉出现光泽为止，酒精会因为热度而被挥发，最终形成柔和的酱汁

制作方法

1. 将鸡腿肉切成一口大小。
2. 将芝麻油倒入平底锅中加热后将1煎炒。
3. 炒至鸡肉表面的颜色改变以后加入A，在煮的时候偶尔搅拌一下，煮至汤汁黏稠后收汁关火。
4. 盛盘以后撒上小葱。

● ● ● ● ● ● ● ● ● ● ●

梅子的健康效果
促进钙质的吸收

梅子中所含有的柠檬酸具有帮助和促进钙质吸收的作用。如果能够在料理中灵活运用梅酒的话，那就可以更加有效地吸收食物中的钙质了。

富含营养的万能酱汁

梅酒的辛辣调味汁

材料（4人份）

梅酒……4大勺（A）
醋……2大勺（A）
酱油……2小勺（A）
黄瓜……1/4根
红辣椒……1/4个
洋葱……1/8个（35 g）

制作方法

1.将所有蔬菜切成8 mm的块状，将洋葱清洗干净以后备用。
2.将A倒入小锅中，煮至沸腾以后，加入沥干了的1煮1~2分钟。
3.散去2的余热。

要点

切成8 mm块状的蔬菜吃起来口感更好

不要将食材切得过小，8 mm的块状大小正好。这个尺寸能够很好地感受到食材的口感，最终制成了一道有嚼劲的料理

梅子的健康效果
可以使血液流畅

梅酒中含有一种叫作"青梅精"的物质，这种物质可以起到促进血液流畅的效果。在塑造健康的身体方面，梅酒的威力是巨大的。

活用梅子时一定会出现的食谱！

梅子果酱

材料（完成以后的量，大约180 g）

梅酒的梅子（含核）……200 g
砂糖……50 g
柠檬汁……1小勺
清水……50 mL

要点

煮梅子的水用量要刚刚好

将梅酒的梅子平铺在锅底，注水到刚好没过梅子的高度即可

制作方法

1.在锅中注入清水到刚好没过梅酒的梅子的高度，煮至果肉变软为止。（沸腾以后约5分钟）
2.将1用漏勺捞出，散去余热以后用叉子将果肉剥下，取出核，之后用厨刀拍烂。
3.将2放入锅中，加入砂糖、柠檬汁、清水，一边偶尔搅拌一边煮至黏稠后转小火继续熬煮。
※最终成品的硬度和甜度可以根据个人喜好进行调整。

梅子的健康效果
可以舒缓情绪、恢复精神

梅子中含有的柠檬酸和叫作苯甲醛的芳香成分都有舒缓情绪的效果。在一天就要完结的时候，梅酒可以起到恢复精神的作用。

使用青梅市当地出产的日本酒来浸泡梅酒

甜味中带着清爽的感觉是日本酒的特色之一。在以"梅之乡"而闻名的东京青梅市，有一家历史悠久的酿酒厂"小泽造酒"，它所酿造的梅酒十分有名。因当地名酒"泽乃井"而为人们所熟知的小泽造酒真正开始出售梅酒是在2004年，其实也就是最近几年的事情。

从元禄时代至今已有300余年，在酿造日本酒方面一直十分讲究的酿酒厂为什么突然开始制作梅酒了呢？

梅酒原来是这样的

创建于元禄十五年（1702年）。一直酿造着奥多摩当地的名酒『泽乃井』的小泽造酒开始酿制属于当地的梅酒了！采访老练的酿酒师，解开背后的故事。

 强力推荐

梅酒PURARI

这是一款通过当地梅之乡吉野梅乡农协会的协助所诞生的日本酒泡制的梅酒。而"PURARI"这个名字取自梅子（plum）与利口酒（liqueur），是二者相合的产物。720 mL

怀揣着这样的疑问，我前去采访了担任了10多年酿酒师职务的田中师傅，下面就是他的回答。

"其实也没有人们所期待的那种充满戏剧性的故事。只是想试试能不能推动当地产业更加繁荣，于是决定使用青梅市本地名产品的酒和梅子，然后既然要在自家酒厂酿造梅酒的话，那么能够使用日本酒来作基酒就好了，这就是最初的想法了。"

这样开始的梅酒制造，最终成了连接"自产自销"的酿酒厂与梅之乡青梅市的桥梁。而最基础的工作就是如何挑选基酒所使用的日本酒。

"日本酒一般是15度左右，但是度数高的酒才能更好地将梅子中的浸出物提取出来。所以选用了20度以上的原酒来进行浸泡。"酿酒师以长年积累的经验为根据所挑选出来的原酒就是泉水酿制的清酒。

使用名酒泡制出来的

老牌酿酒厂与当地产梅子缘分的结合

在东京青梅市有美味的梅酒！！

1 将小泽造酒的商品储藏于木构件（采用的是不使用钉子的接合方法）的元禄仓库
2、3 梅酒的酿造是使用明治仓库的罐子进行的。1个罐子里所酿造出来的梅酒约有5000瓶的量

"如果是这款酒的话，酒本身的味道和梅子的浸出物一定能很好地融合在一起，最终制成甜度刚好、各种味道之间的平衡恰到好处的梅酒。"酿酒师如此断言道。

至于身为梅酒主角的梅子，小泽造酒通过当地农协会的协助，主要选用了在日本关东地区非常有名的吉野梅乡所生产的大颗"梅乡"，每年都会进货大约2~3 t的梅子。全体工作人员总动员，从早忙到晚地为梅子去蒂。

日本酒的最后一道工序结束的时间是每年的5月份左右，在最后一道工序结束后，酿造部的工作人员们才终于有了休息的时间。但是，梅子的采摘是在6月半的时候，其实根本没有什么休息的时间。接下来又必须要开始泡制梅酒的工作了。就在那样的忙碌中，以2004年9月17日JA西东京吉野梅部会所主办的发布会为开端，小泽造酒的梅酒"PURARI"受到高度评价，现在已经是每年出货量达到12000瓶的名牌产品了。

"虽然我们酿造日本酒的历史至今已经有数十年了，但也很难在酿造过程中就预测到结果。而梅酒又不像日本酒，最初决定使用的材料就是全部。是否有使用正确的方式将规定好的用量进行泡制，单凭这一条就决定了梅酒的味道。"

田中师傅这么说道，他脸上的笑容看起来是那么的可靠，仿佛在闪着光。我还从田中师傅那里获得了一些关于家庭制作梅酒的建议。

"梅酒是可以根据所使用的酒和梅子的种类，以及喜好和用量，而变化出多种不同的饮品。正因为如此，更需要通过各种尝试，才能够发现符合自己喜好的最佳配比。"

专栏

日本酒的名门，"南部美人"也开始着手"日本国民酒"梅酒的开发了

"南部美人"第5代所有人表示，他听说"虽然南部美人的牌子深受好评，但是有很多人根本不喝日本酒，不过他们中大多数人都愿意尝试一下梅酒"。于是他们开始使用自己公司生产的纯米酒来开发梅酒。通过取得特别许可的酿制方法，开发出了不添加糖类而酿制的梅酒。梅酒的颜色由于氧化反应而呈现出奢华的粉色。
南部美人/1800 mL、720 mL
☎:0195-23-3133

小泽造酒创立于元禄十五年（1702年），它的仓库沿着青梅市御狱溪谷建造。这里有着适合酿酒厂的大自然的馈赠——从挖透的秩父古生层岩盘的洞穴深处涌出的著名泉水，酿造泽乃井所使用的就是这里的水。而且这里距离青梅市吉野梅乡也很近。小泽造酒以成为能够带动当地城市建设和人口密度增加的酿酒厂为目标。如需购买的话请联系，TEL：0428-79-0135，FAX：0428-79-0136

实际上，制作梅酒时也会用到日本酒，而"泽乃井 制成梅酒也很美味的原酒"就是这么一款作为期间限定商品出售的日本酒。

"为了守护历史悠久的酿酒厂而开始制造梅酒，为了守护重要的东西，必须要不畏惧变化，勇敢面对各种挑战。"田中师傅这么说道。因为接受了改变，所以才能够更好地保护住那永远不变的，像是原点一样的东西，同时还传承了一心想要守护的酿酒厂的味道。

身为酿酒师的田中充郎先生是小泽造酒味道的守护人，也是传承人。"为了不变而一直改变下去"是他的座右铭，他现在正活跃在小泽造酒的工作岗位上

❀ 强力推荐

泽乃井 制成梅酒也很美味的原酒 奥多摩泉水所酿制的原酒

为了能在家里也可以制作出美味的梅酒，于是诞生了这款制作梅酒专用的原酒。比起清酒这更像是一款有着强烈个性的日本酒，在梅子的旺季，他们还会出售当地产的梅子，是每年限定产量出售的稀有品。1.8 L

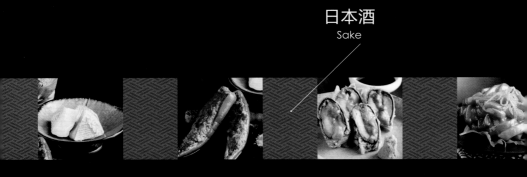

日本酒
Sake

白兰地
Brandy

收录了使用梅酒烹饪的特别菜谱！

响【东京调布】厨师长
稻田响先生

在地处西麻布的"霞町末富"完成学习以后，他于2008年独立创业。每天都会购进当季的新鲜食材，并用来制作传统的日本料理以及开发全新的日式料理。其出色的手艺俘获了不少粉丝。

使梅酒的味道更上一层楼

绝品下酒菜

梅酒总是很有人气，因为任何人都可以轻松地接受它的味道，所以能不能像日本酒以及葡萄酒那样有一些合适与之搭配的下酒菜呢？想必不少人都有过类似的想法吧。那么，请一定不要错过下面将要介绍的内容。

在"响"可以以十分合理的价格就享受到正宗的日本料理，而接下来这家店的主人稻田响先生将会教给各位读者让梅酒更加美味的最佳下酒菜。

威士忌
Whisky

泡盛
Awamori

食谱

食谱所参考的就是这家日本料理店！
响【东京调布】

烧酒

配合以烧酒为基酒梅酒的下酒菜

食谱

01

烧酒

好看又好吃！绝品瓦锅饭

毛豆和章鱼的
瓦锅饭

只要掌握了烹饪方法，瓦锅饭所选用的食材可以根据季节和要喝的酒进行各种变化。
充分吸收了煮章鱼和毛豆味道的瓦锅饭实在是美味。

▷ **推荐的饮用方式**

直接饮用　加冰　兑水　兑苏打水

▷ **材料**（4人份）

米……4合	盐……适量
煮章鱼……120 g	葱、野姜……各适量
毛豆……1袋（300 g）	**A**
生姜……1/2块	高汤……500 mL
酱油、酒……各2小勺	酱油、味淋、酒……各2大勺

▷ **制作方法**

1.将米淘洗干净之后浸泡约20分钟（冬季30分钟），生姜切碎。
2.先将未剥壳的毛豆加盐搓揉，之后倒入已经加了2大勺盐的1L的热水（材料之外）中煮约4分钟。用漏勺捞出，待冷却以后剥壳。
3.将煮章鱼切薄片后，加入酱油和酒揉搓。
4.将A中除酒以外的材料倒入瓦锅中，开火加热，直至沸腾后关火，再将酒倒入。
5.倒入1的米和生姜以后盖上锅盖，开大火。待煮至瓦锅锅盖上的洞口喷出大量水蒸气时，打开锅盖。反复操作数次，直至表面的泡沫变小后将3倒入，转小火加热约13分钟。
6.关火焖5分钟后，倒入2的毛豆再焖2分钟。
7.拌入切碎的葱和野姜。

02

烧酒

这个口感尝过一次以后就再也难以忘记！

玉米粒
炸什锦

松脆的面衣和软糯的玉米粒很好地刺激了食欲。
炸什锦的烹饪方法使得食材本身的甜味更加突出。

▷ 推荐的饮用方式

直接饮用　加冰　兑水　兑苏打水

▷ 材料（2人份）

玉米……1根　　　　　　小麦粉、油……各适量
【面衣】
小麦粉……200 g　　　　玉米淀粉……一撮
太白粉……50 g　　　　 色拉油……1小勺
鸡蛋……1个　　　　　　冷水……200 mL

▷ 制作方法

1.用菜刀将玉米上的玉米粒切下。
2.将1倒入碗中，稍微滚上一层小麦粉。
3.将面衣的材料倒入碗中充分混合，再慢慢倒入2混合，注意倒入过程中尽量避免玉米粒之间粘连。
4.用汤勺将3舀出，轻拍定型后放入180℃的热油中油炸。

提要！

烧酒基酒梅酒与料理的搭配

当要挑选配合梅酒食用的料理的时候，可以以梅酒所使用的基酒作为基准来进行选择。烧酒基酒的梅酒比较适合搭配使用了贝类或者薯类食材的菜肴。豆子、松子仁、玉米等食材本身都拥有一定的甜度，正好与梅酒的甜味相称。不过烧酒基酒相对来说是比较全能的，所以在选择的时候也不要顾忌过多，只要感觉跟制作的料理搭，基本都没有问题。

炸什锦的面衣尽可能薄是关键

天妇罗美味的秘诀是尽可能薄的面衣。虽然炸什锦所使用的面衣材料相同，但是如果操作不当的话面衣很容易过厚。所以在使用天妇罗的面衣之前，稍微加上一层低筋粉的话，面衣就可以变得很薄了。面衣会因为低筋粉的关系在附着前脱落。

食谱

03

烧酒

最好的日式YUKKE果然还是金枪鱼
（YUKKE，一种韩国生牛肉料理）

蛋黄酱油拌金枪鱼和山药丁

只要使用刺身用的金枪鱼便可以轻松制作的简单食谱。
蛋黄、酱油和麻油不但适合金枪鱼，和山药搭配在一起
味道也很好。

▷ **推荐的饮用方式**

直接饮用　加冰　兑水　兑苏打水

▷ **材料**（2人份）

金枪鱼（刺身用红肉）……100 g
山药……20 g
蛋黄……1个
醋……适量
小葱……适量
A
芥末、麻油……各1小勺
酱油……2大勺

▷ **制作方法**

1 将金枪鱼切成厚度2 cm的块状后，倒入充分混合的A。
2 将山药去皮以后切成丁，泡进放入醋的水。将小葱切碎。
3 将1的金枪鱼摆盘，再在上面摆上沥干水分的山药。在周围浇上打散的蛋黄，之后撒上小葱。

食谱

04

烧酒

2种香味十足的素材
是关键

松子仁、
芝麻拌
京水菜

在处理过的拌京水菜中
加入了炒熟的松子仁和
芝麻，使得口感更加丰
富，味道也更有层次
感。是加入了鲣鱼汤汁
的正统日式料理。

▷ **推荐的饮用方式**

直接饮用　　加冰　　兑水　　兑苏打水

▷ **材料**（2人份）

京水菜……1/2把
松子仁、熟芝麻……各10 g
鲣鱼节……少量
酱油、盐……各适量
A
高汤……200 mL
味淋、生抽……各20 mL
B
砂糖……1小勺
上等白芝麻……1大勺
高汤……20 mL

▷ **制作方法**

1.将京水菜放入撒有适量盐和酱油的热水中煮过以后，用清水漂洗，
拧干。
2.将A烧开以后倒入鲣鱼节，之后关火，等待余热散去。
3.将1加入到2中浸泡10分钟左右。
4.用平底锅将松子仁和熟芝麻炒香。保留一撮作为装饰用的松子仁，
其余的全部切碎。
5.将4放入蒜臼中，加入B之后混合。
6.将3的京水菜切成5 cm的段后，倒入5。盛盘，撒上预留的松子仁
作为装饰。

日本酒

配合以日本酒为基酒梅酒的下酒菜

日本酒基酒梅酒与料理的搭配

日本酒基酒梅酒是以纯米酒或者吟酿酒等香味各异的日本酒为基酒制作的梅酒。最近出现了很多由日本酒酒厂酿造的梅酒，它们各自都有着很突出的味道。在考虑如何选择下酒菜之前，最好先试一下味道。大米和梅酒的甜味本身就有着不错的契合度，平时可以搭配日本酒的菜肴就已经十分充足了。于是这次我想要反其道而行之，在选择的时候刻意选择了与甜味相反，加重了咸味要素的食物，没想到取得了更好的效果。如果想要相对而言比较厚重的类型，就选择油炸食品，如果是想要香味或者味道细腻的食物，最好尽量避免选择味道浓郁的珍馐，而是选择味道清淡的食物，这样更能享受到食物的美味。

01

日本酒

味噌的风味与奶酪的酸味
东洋与西洋的融合

卡蒙贝尔
奶酪的酱菜

味淋不论是绝妙的甜味还是浓厚
的香味都和梅酒很搭。
米味噌和卡蒙贝尔奶酪，东洋和
西洋的两种发酵系食品的香气碰
撞在一起。

▷ 推荐的饮用方式

直接饮用　加冰　兑水　兑苏打水

▷ 材料（4人份）

卡蒙贝尔奶酪……1个（200 g）
米味噌……300 g
味淋……50 mL

▷ 制作方法

1.将米味噌和味淋充分混合以后，放
入密闭容器中。
2.将卡蒙贝尔奶酪用纱布包裹后，放
入1中浸泡。
3.盖上一层保鲜膜，将里面的空气抽
出后，放入冰箱冷藏3日。

02

日本酒

含有大量肉汁的新式塞肉

万愿寺
辣椒塞肉

使用黄油和生面包粉制作的汉堡风格的食物，利用
高汤调制出来的味道和万愿寺辣椒特别配。
略带焦煳的部分增加了整体的香味。

▷ 推荐的饮用方式

直接饮用　加冰　兑水　兑苏打水

▷ 材料（2人份）

万愿寺辣椒……4根　　黄油……10 g
混合肉糜……200 g　　牛奶……适量
洋葱……1/2个　　　　高汤……50 mL
生面包粉……15 g　　　酱油……1小勺
　　　　　　　　　　　花椒粉、盐、胡椒……各适量
　　　　　　　　　　　小麦粉、色拉油……各适量

▷ 制作方法

1.将洋葱切成末，用黄油炒至褐色，散去余热。将生
面包粉浸泡于适量牛奶中，备用。
2.在碗中加入1的洋葱和挤干牛奶的生面包粉、混合
肉糜、花椒粉、盐、胡椒，充分搅拌至颜色发白带
有黏性为止。倒入高汤、酱油并充分搅拌后，将碗
放入冰箱中冷藏一段时间。
3.将万愿寺辣椒对半切开，去掉里面的辣椒籽，再在
内侧薄薄的铺上一层小麦粉。
4.在3中塞入分成4等份的2。
5.在平底锅中倒入少量色拉油，将4中有肉的一面向
下开始煎。待有肉的那一面稍微煎出焦煳感以后，
翻面再煎片刻。

要点 ╱

03

日本酒

味道温和＆浓郁的腌乌贼

凉拌海胆
和枪乌贼

绿紫苏与柚子皮增加了清爽感，特别适合作为梅酒的下酒菜。

▷ **推荐的饮用方式**

直接饮用　加冰　兑水　兑苏打水

▷ **材料**（4人份）

枪乌贼……2杯
海胆……1大勺
盐……适量
酱油……适量
酒……适量
绿紫苏……1片
柚子皮……适量

▷ **制作方法**

　　小心取出枪乌贼的内脏后，将内脏放置于铺满盐的平底盘上，然后铺上一层正好盖住表面的盐。盖上保鲜膜后放入冰箱冷藏一晚。

　　将1的盐换新，再放置一晚。

　3 将2洗净并擦拭干净后，将内脏从皮中剥离，并刮除附着在内脏上的皮。加上海胆、酱油和酒进行调味。

　4 在枪乌贼上覆上一层薄布后，将身体和触手以3 cm的幅度切成段，然后用盐轻轻按摩过之后放入冰箱冷藏20分钟。

　5 将4上的水擦干净，与3混合。盛放在绿紫苏上，撒上柚子皮。

要点

用盐去除水分和腥味

乌贼的内脏吸收了身体中的大部分水分，如果立刻腌制的话很容易变得腥臭，因此在那之前需要将水分去除，这是使这道菜美味的关键。

食谱

04

日本酒

海胆×鳄梨（牛油条）
产生的浓厚
味道是鹅肝级别的！

鳄梨和
海胆、
海苔的
天妇罗

将鳄梨像三明治一样夹
住海胆进行油炸，搭配
绿紫苏和芥末、酱油，
味道清淡，属于稻田流
派的烹饪方法。

▷ **推荐的饮用方式**

直接饮用　加冰　　兑水　兑苏打水

▷ **材料**（2人份）

鳄梨……1/2个
海胆……30 g
烤海苔……1/2片
小麦粉、油……各适量
芥末、酱油……各适量

【面衣】

小麦粉……200 g
太白粉……50 g
鸡蛋……1个
玉米淀粉……一撮
色拉油……1小勺
冷水……200 mL

▷ **制作方法**

1. 去掉鳄梨的核，纵切成4等份。
2. 在卷寿司用的竹帘上以烤海苔、鳄梨、海胆、鳄梨的顺序摆放好，用力卷起来。
3. 在2的表面轻轻掸上一层小麦粉，再放入面衣中滚一圈后下锅以180℃的油温油炸。
4. 摆盘，配上芥末和酱油。

威士忌

配合以威士忌为基酒梅酒的下酒菜

食谱

01
威士忌

与加入了梅酒的智利辣酱油
的全新相遇

越南春卷、加入了梅
酒的甜蜜智利辣酱油

被越南米皮包裹的甜虾和山药，
独特的口感令人眼前一亮！

▷ **推荐的饮用方式**

直接饮用　加冰　兑水　兑苏打水

▷ **材料**（2人份）

甜虾……6只
山药……3 cm
黄瓜……3 cm
洋葱……1/6个
红辣椒……1/4个
越南米皮……适量
生菜……2片
绿紫苏……4片
豌豆苗……1/4株
A
酱油、熟白芝麻、麻油……各1大勺
芥末……1小勺
B
甜蜜智利辣酱油……1大勺
蛋黄酱……2大勺
煮过的梅酒（烧酒基酒）……1大勺

▷ **制作方法**

1.用混合好的A按摩甜虾。
2.山药、黄瓜切丝，红辣椒去籽以后也切
丝，沿着洋葱的纤维切成薄片，然后分别
用水漂净。
3.将越南米皮放入温水中浸泡，泡开以后
擦干水分备用。
4.将清洗并擦干的生菜铺在越南米皮上，
以绿紫苏、黄瓜、洋葱和豌豆苗、甜虾的
顺序依次铺在生菜上，浇上B以后卷起来。

食谱

02
威士忌

含有大量肉汁的新式塞肉

烟熏鸭里
脊肉

只需要稍微加工一下市面出售的鸭里脊
肉，就会变身成店里吃到的味道。

▷ **推荐的饮用方式**

直接饮用　加冰　兑水　兑苏打水

▷ **材料**（4人份）

市面出售的鸭里脊肉……1片（500 g）
烟熏用樱树屑……5 g
黄瓜、蘘荷草、绿紫苏……各适量

▷ **制作方法**

1.在铺上了铝箔的平底锅上放入烟熏用樱树屑，
再盖上一层网子。
2.将市面出售的鸭里脊肉放在网子上，然后用一
个大盘子盖住，开大火加热。等到开始冒烟以
后，转为小火继续熏制10分钟。
3.将黄瓜、蘘荷草、绿紫苏切丝，用水漂净以后
备用。
4.将2切成薄片后摆盘，撒上沥干水分的3。

要点

将鸭里脊肉进行熏制

只要有了烟熏用樱树屑，就可以在家中轻
松地制作出正宗熏制料理。木屑的量可以
根据个人喜好进行增减。如果没有樱树屑
的话，也可以用焙茶和粗糖来代替。

泡盛

配合以泡盛为基酒梅酒的下酒菜

01
食谱

泡盛

南方的水果更能够发挥出肉的鲜美

水果酱汁的
拍牛肉

杭果的酱汁可以使牛肉的鲜美味道更加
突出，这是以此为灵感的食谱。
磨碎的洋葱是这道菜里的调味秘方。

▷ 推荐的饮用方式

直接饮用　加冰　　兑水　　兑苏打水

▷ 材料（4人份）

牛肉（刺身用）……50 g
紫甘蓝菜……适量
生菜……适量
盐、胡椒……各适量

【酱汁】
磨碎的洋葱……1大勺
磨碎的芹菜……1大勺
高汤……70 mL
杭果的酱汁（又或者是杭果果汁）……2大勺
白葡萄酒……1小勺
酱油……1小勺
EXV橄榄油……3大勺
盐、胡椒……各少许

▷ 制作方法

1.制作酱汁。在烧热的平底锅中倒入1大勺EXV橄
榄油，之后加入磨碎的洋葱、芹菜以小火翻炒。
2.往1中加入白葡萄酒、高汤、酱油后煮沸，加
入杭果的酱汁煮至黏糊。
3.关火，加入剩余的EXV橄榄油、盐、胡椒进行
调味。
4.将牛肉放置于常温中备用。生菜、紫甘蓝菜切
成细丝，过水漂净。
5.在牛肉上擦上盐和胡椒，之后穿成串，直接用
火烘烤。
6.在盘中摆上沥干水分的生菜、紫甘蓝菜后，将
切成厚度1 cm的5放在上面，淋上酱汁。

02
食谱

泡盛

在家中制作珍馐系的必备下酒菜！

酒盗（以鱼内脏为原料的腌
制食品）和奶油奶酪的融合

奶油奶酪柔和的味道正好可以抑制酒盗
中独特的腥味。
互相帮助，将各自的美味发挥到极致，
是最强的组合。

▷ 推荐的饮用方式

直接饮用　加冰　　兑水　　兑苏打水

▷ 材料（2人份）

酒盗……1大勺
奶油奶酪……40 g

▷ 制作方法

1.将酒盗浸泡于水中，除去其中的盐分。
2.将奶油奶酪切成1 cm的块状。
3.将1的酒盗的水沥干，放在2的奶油奶酪上。

提要！

泡盛基酒梅酒与
料理的搭配

泡盛基酒的梅酒，其最大特征是有着浓
郁的味道。所以搭配味道浓厚的下酒菜
会有意想不到的效果。从食材来考虑的
话，立刻想到的就是冲绳料理。冲绳有
苦瓜或者冲绳产蕗头等极具个性的食
材，以冲绳风味的炖猪肉为代表，将脂
肪丰富的五花肉通过梅酒的甜味进行软
化，再增添一份甜辣的味道。热带水果
的酸甜度也跟梅酒十分契合。

03

食谱

泡盛

用泡盛梅酒将猪肉用力抓一遍

猪肉的生姜烧
冲绳风味

经过梅酒浸泡的猪肉呈现出恰到好处的柔软程度，用
来制作生姜烧再好不过了。
苦瓜和冲绳产藠头的韩式拌菜也是属于冲绳的口感。

▷ **推荐的饮用方式**

直接饮用　加冰　兑水　兑苏打水

▷ **材料**（2人份）

猪五花肉（块）……300 g
色拉油……1大勺
A
高汤……200 mL
梅酒（泡盛基酒）、酒、酱
油……各30 mL
砂糖……1大勺
磨碎的生姜……1块的量

【藠头的韩式拌菜】
冲绳产藠头……50 g
色拉油、芝麻油……各1小勺
盐……少许
【苦瓜的韩式拌菜】
苦瓜……1/2根
芝麻油……1小勺
砂糖、鲣鱼节……各少许
盐……适量

▷ **制作方法**

1.将猪五花肉切成厚度1 cm的片状。
2.在碗中倒入A的材料，全部倒入以后完全混合，取出100 mL
备用。将1的猪肉浸泡在剩余的液体中，浸泡20分钟。
3.制作藠头的韩式拌菜。将冲绳产藠头切成细丝，用水漂净。
沥干水分后，加入色拉油和芝麻油，倒入到热平底锅中翻炒，
并加盐调味。
4.制作苦瓜的韩式拌菜。将苦瓜的籽去掉，切成厚度2 mm的
薄片，用盐揉搓以后放置5分钟。用水清洗干净，倒入撒了一
撮盐的1L热水中煮1分钟，之后用冰水冷却。
5.用厨房用纸吸去4上的水分，用芝麻油在热平底锅中翻炒。
用砂糖和盐进行调味，之后撒上鲣鱼节。
6.在平底锅中倒入色拉油加热，将2的猪五花肉放入锅中煎
炒。在这个过程中，将多余的油脂通过厨房用纸吸走，煎炒
至猪肉的颜色发生变化以后，将预留的A的液体分2次倒入锅
中，煮至收汁。

要点

酱汁将整道料理统一到一起

生姜烧用来调味的酱汁是一开始就预留的酱汁，它在最后一刻统一了这道料理的味道，这也是这道料理的关键所在。在用酒来制作的时候，最终制作出来的味道会比平时要浓一些。从脂肪中渗透出来的肉的鲜美味道被很好地锁住了，整体的风味也得到了提升，成了更加完善的味道。

白兰地

配合以白兰地为基酒梅酒的下酒菜

要点

趁热将食材拌匀

如果希望土豆泥和其他食材能够保持各自的味道，不至于完全融合的话，那么记住"趁热"是其中的关键。特别是在使用到黄油、鲜奶油、奶油奶酪等乳制品食材时，需要与刚碾碎的土豆泥尽快拌匀。

食谱

01

白兰地

带有成熟风味的猪排骨

白兰地风味的
猪排骨

生姜和大葱有着去油腻的效果，而白兰地
将整道料理的味道带往更深的层次。

▷ 推荐的饮用方式

直接饮用　加冰　兑水　兑苏打水

▷ 材料（2人份）

猪排骨……300 g
大葱绿色的部分……1根的量
生姜……1块
色拉油……1大勺
盐、胡椒……各适量
粉红胡椒……适量
A
梅酒（白兰地基酒）……300 mL
清水……900 mL
B
高汤……700 mL
白兰地……10 mL
梅酒（白兰地基酒）……50 mL
酱油……50 mL
酒……25 mL
绵白糖……2大勺

▷ 制作方法

1. 用盐和胡椒将猪排骨腌制10分钟。将生姜切成薄片。
2. 将色拉油倒入平底锅中加热，将沥干水分的1倒入锅中，煎至两面焦黄。
3. 将A和1的生姜、大葱，以及2的猪排骨倒入锅中，开火加热。其间，一边撇去表面的浮沫一边用竹签测试肉的柔软程度，煮至竹签可以轻易通过猪排骨（大约4个小时）。
4. 将B中白兰地以外的食材倒入到小锅中，加热至沸腾，再倒入白兰地并关火。待余热散去以后，将3的猪排骨倒入。
5. 将猪排骨在烤盘上摊开，淋上4的酱汁后，在200℃的烤箱中烤10分钟。盛盘，最后撒上粉红胡椒。

食谱

02

白兰地

奶酪的酸味和培根的咸味真是
绝妙的组合！

烤培根和奶油
奶油奶酪的土豆泥

牛奶和鲜奶油、奶油奶酪的浓厚味道，
和培根中的咸味十分搭配。

▷ 推荐的饮用方式

直接饮用　加冰　兑水　兑苏打水

▷ 材料（4人份）

五月皇后（土豆的一个品种）……2个
培根……50 g
奶油奶酪……40 g
牛奶、鲜奶油……各100 mL
色拉油……适量
盐、胡椒……各少许

▷ 制作方法

1. 将五月皇后蒸至竹签可以轻松穿过为止，去皮以后用滤网过滤制成土豆泥。
2. 趁热加入牛奶、鲜奶油、奶油奶酪，用力搅拌至整体变得顺滑为止。
3. 将培根切成5 cm的宽度，倒入加有少量色拉油的平底锅中，炒至变脆为止。将培根中榨出来的油倒入小碟子中备用。
4. 在2中加入培根和培根中榨出来的油脂，充分混合，并加入盐和胡椒调味。

美酒配美器

美味的梅酒应该
配上考究的酒具

如果想要同时享受梅酒和美食的话，气氛也十分重要，饮酒时所使用的酒具也有它的讲究。下面将会介绍一些适合梅酒的酒具。

杯口收拢的设计能够更好地保留住酒的香味

从玻璃杯底部向上部倾斜延伸，这是一只杯口渐渐变窄的酒杯。这种构造是为了更好地锁住梅酒奢华的香气

适合直接饮用的小号玻璃杯

梅酒如果直接饮用的话味道会相当浓郁，所以比起大玻璃杯，小号的玻璃杯使用起来就刚刚好

提要！

既有水壶又有冰桶十分便利

夜晚小酌的时候，如果能够有一种工具可以提前准备好冰桶和水壶，那就太方便了。外形配合梅酒给人的感觉采用了日式风格的设计，有很好的提升气氛的效果。照片中是"竹虎"的兑水套装（附带V形夹子和搅拌棒）。请咨询：山岸竹材店 0889-42-3201

专栏

使用具有特殊风格的茶具来代替酒具

梅酒是日本特有的利口酒，当然最早是在陶器中制作出来的，所以和日本风格的酒具也很搭。最近你是不是也发现在各大饮食店里，使用传统酒具来装梅酒的店家越来越多了？突然很想在家里也试试看！这么想着，我便开始寻找日式酒具，结果没想到外表好看的酒具竟然价格都很高！这个时候我开始考虑能不能用茶具来代替呢？因为这些本来是用来泡制比酒要便宜的茶的器皿，所以有不少不错的茶具价格并不贵。

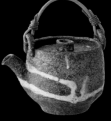

千田玲子
"急须（茶壶）"

朴素的外形却有着独特的韵味，因为制作的时候没有使用轳辘，所以才有了现在的样子。表面的白色花纹是即兴发挥的产物，所以不会出现两个相同的茶壶。请咨询：器一客 03-5772-1820

即便长时间拿在手上也不会变热的玻璃杯

如照片中所看到的，这款玻璃杯使用了双层构造，两层玻璃之间的空气起到了很好的隔热作用，可以保持杯中酒的温度。对于需要加冰饮用的酒来说，这款玻璃杯就显得很宝贵了

有分割出玻璃和梅酒边界的效果

这款玻璃杯的表面经过了精雕细琢，是德国RIEDEL公司出品的酒具。偶尔想要使用奢华的玻璃杯的时候可以选择这款。玻璃的颜色和梅酒的颜色相互交错，美若仙境

梅酒也是一种果酒

如照片中所见到的，这是一款有着郁金香造型的葡萄酒杯。但是并不是说只有喝葡萄酒的时候才能够使用。梅酒和葡萄酒一样，都是果酒，所以同样适合

山本教行
"灰釉切立小钵"

整体给人一种沉稳的印象，是一款气氛庄重的小钵。因为容量很大，所以不仅适合需要加冰的场合，也很适合兑水饮用的梅酒。请咨询：夏椿 03-5799-4696

有松进
"六角片口"

有着淡雅的纹样，是一款从玻璃釉里诞生的艺术品。六角形的杯身，用手抓起来十分稳固。和梅酒也很契合。请咨询：田园调布ICYOU 03-3721-3010

番外篇

使用梅酒制作的

充满变化的究极料理

梅酒不仅仅适合用餐时饮用！这里将会介绍各种使用梅
酒制作的充满变化的料理，从酱汁一直到甜点。

食谱

01

番外篇

将梅酒发挥到极限的

3种梅酒基础酱汁

香气浓郁的梅酒十分适合用来制作料理的
变化版。只要掌握了这个食谱就可以自由
自在地制作出各种料理的变化版！

▌【 梅酒的沙拉调料 】

▷ **材料**（容易操作的量）

酱油、梅酒……各50 mL
梅干……1颗
色拉油……80 mL
麻油……20 mL
柠檬汁……10 mL
蜂蜜……10 g
盐、黑胡椒……各少许

▷ **制作方法**

1.将梅干去核后用刀切碎。
2.将梅酒倒入锅中开火加热，梅酒中的酒
精被挥发。
3.将1和2倒入碗中，加入柠檬汁、酱油、
蜂蜜后搅拌。一边缓缓注入色拉油和麻油
的混合物一边搅拌。
4.用盐、黑胡椒调味。

▌【 梅酒的煎酒 】

▷ **材料**（容易操作的量）

昆布（10 cm）……2片
梅干……3颗
酒……360 mL
梅酒……180 mL
鲣鱼节……一撮

▷ **制作方法**

1.将昆布、梅酒、酒倒入锅中放置20分钟。
2.开小火加热，加入梅干。当锅内液体开始咕
嘟咕嘟冒泡的时候，将昆布捞出来，再用小
火煮10分钟。
3.加入鲣鱼节，稍一煮开便将火关闭，放置5
分钟。
4.用布或者厨房用纸将3过滤。

▌【 梅酒的果子冻 】

▷ **材料**（容易操作的量）

明胶粉……5 g
鲣鱼节……一撮
A
高汤……200 mL
生抽、味淋、梅酒（烧酒
基酒）、醋……各30 mL

▷ **制作方法**

1.用10 mL水将明胶粉泡开。
2.将A除了醋以外的素材都倒入锅中，开火加
热直至煮沸以后关火，然后加入鲣鱼节放置5
分钟。将醋和1的明胶加入待其溶解，余热散
去以后放入冰箱冷藏加固。

使用基础酱汁来制作不同的变化版料理

食谱

02

番外篇

将原本的酱汁改为某种浇汁

牛肉涮涮锅

薄切牛肉片还残留有淡淡的粉红色的时候收工是最好的。

1 使用的是这款酱汁！

▷ **材料**（2人份）

梅酒的沙拉调料……适量
薄切牛肉片（涮涮锅专用）……150 g
娃娃菜……1袋
紫洋葱……1/6个
辣椒（红、黄）……各1/4个
葱丝（白色部分）……适量

▷ **制作方法**

1.将紫洋葱沿纤维薄切。将辣椒去籽以后切碎。
2.在锅中注入大量热水煮至沸腾。加水将锅内温度降低到65℃以下，将准备好的薄切牛肉片放入水中稍微涮一下就出锅。
3.将2的牛肉片快速过一下冷水，之后用厨房用纸吸走水分。
4.将娃娃菜、紫洋葱、辣椒摆盘，之后放上3的牛肉片和葱丝，在周围淋上梅酒的沙拉调料。

03

番外篇

代替原本的酱汁这次试用的
是这款酱汁

② 使用的
是这款
酱汁！

煎酒素面

代替味淋，这次试用了以日本酒
为基酒的梅酒。

▷ **材料**（2人份）

梅酒的煎酒······200 mL
素面······2份（100 g）
煮虾······6只
蛋黄······2个
黄瓜······1/2根
绿紫苏······5片
番茄······1/2个
豌豆苗······适量
色拉油······适量

▷ **制作方法**

1.将煮虾对半横切。再将黄瓜和绿紫苏切碎，将豌
豆苗的根部去掉，之后分别过水漂净。番茄切成
大块。蛋黄打散备用。
2.在平底锅中加入少量色拉油后加热，将1的蛋黄
倒入制成蛋皮。待余热散去以切后切成细丝，制成
鸡蛋丝。
3.将素面放入大量水中煮熟，再过冰水。
4.将素面、1、2盛入容器中。在吃之前淋上梅酒
的煎酒。

使梅酒的味道
更上一层楼
绝品下酒菜食谱

04

番外篇

③ 使用的
是这款
酱汁！

果子冻的酸味最适合夏季！

烤茄子、豆腐皮、
扇贝淋上梅酒果子冻

不论是素材还是所使用的器皿，
最好都冷藏一下味道更佳。

▷ **材料**（2人份）

梅酒果子冻······4大勺
长茄子······2根
豆腐皮······30 g
扇贝······2枚
秋葵······1根
时令蔬菜、小萝卜、飞鱼籽、熟白芝麻······各适量
佐料（生姜、野姜、大葱、绿紫苏等）······各适量

▷ **制作方法**

1.将长茄子用烤箱或者烤鱼网烤至表皮发黑，然后
去皮切成一口大小，放入冰箱冷藏。
2.扇贝用竹签穿成串以后直接用火稍微烤制，之后
放入冰水中收紧，再从切面对切。
3.将秋葵用盐（材料之外）腌过以后放入水中煮，
取出后切成厚度5 mm的片状。
4.佐料全部切碎，用水漂净以后备用。将小萝卜切
成薄片。
5.将梅酒果子冻、时令蔬菜、3一起倒入碗中混合。
6.将刚捞出来的豆腐皮放入冷藏过的容器里，之后
放上茄子，再放上5。最后再以2、4、飞鱼籽、熟
白芝麻的顺序摆盘。

加入梅酒之后
料理的味道变得更加有深度了

食谱

05
番外篇

使用米糠和梅酒煮出来的五
花肉肥而不腻

梅酒煮猪五花

如果想要做出来的料理味道更有深
度，推荐使用白兰地基酒的梅酒。

▷ **材料**（4人份）

猪五花肉（块）……300 g
米糠……适量
太白粉……2小勺
花椒芽……适量
A
高汤……400 mL
梅酒（泡盛基酒）、酱油、酒……各50 mL
粗糖……2大勺

▷ **制作方法**

1.将猪五花肉切成4等份，放入热的平底锅
中，脂肪多的一面朝下，开大火直至猪五
花肉表面变为褐色为止。
2.倒入正好没过猪五花肉高度的水，开火
煮3个小时。
3.将2的水换掉，和猪五花肉一起再一次加
热到沸腾，加入米糠去涩。
4.将A和3的猪五花肉加入到锅中煮至沸腾
以后转小火再煮20分钟。
5.往4中加入4小勺溶解的太白粉，进行
勾芡。
6.盛盘，放上花椒芽。

要点

使用米糠煮肉可以去异味

煮肉的时候加入米糠，猪肉的异
味更容易去除，而煮出来的肉也
更为柔软，所以请一定要试试看
这个小技巧。加入米糠一起煮的
时候，最好先从烧水开始。

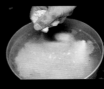

有了梅干加梅酒，再也没有腥臭味

老抽酱油梅酒煮沙丁鱼

梅酒选用基酒是日本酒或者白
干儿的话更能增添鲜味。

▷ **材料**（4人份）

沙丁鱼……8条
醋……3大勺
老抽酱油……2大勺
梅干……2个
生姜……1块

A
高汤……500 mL
酱油……50 mL
梅酒（日本酒基酒）、酒、
味淋……各50 mL
砂糖……4大勺

要点

如何不破坏沙丁鱼皮

将沙丁鱼在放入醋的热水中过一下之
后，整条沙丁鱼包括骨头都会变得柔
软，另外皮也会变得不易破损，最终
成品会非常完美。过完热水以后再放
入冰水中取出血丝和黑线。

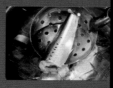

▷ 制作方法

1. 将沙丁鱼去头去鳞，用刀将沙丁鱼的
腹部剖开，取出内脏，将沙丁鱼放入
加有盐（材料之外）的冰水中，使用
牙刷将沙丁鱼内的血丝和黑线去除。

2. 在锅中加入400 mL清水，并倒入
醋，煮至沸腾后再加入100 mL清
水，并转至小火。用漏勺将沙丁鱼在
热水中过一下再浸入冰水中。继续去
除剩余的血丝和黑线。

3. 用竹签在梅干上戳上几个洞，将生
姜切丝以后放入水中漂净。

4. 在锅底贴上一层铝箔，与2并排放
置。将梅干和A一起放入，开中火加
热，等待沸腾以后取下有洞的铝箔，
盖上盖子转成小火煮20分钟。

5. 煮至汤汁减少到一半的时候，加入
老抽酱油，继续收汁。

6. 盛盘，放上沥干水分的生姜丝。

在制作甜品上
梅酒也十分活跃

【食谱】

07

番外篇

点缀着青梅果酱的

梅酒牛奶蛋糊
奶油的千层派

要制作牛奶蛋糊的话，推荐使用白兰地基酒的梅酒，这
样制作出来的牛奶蛋糊会更加香气扑鼻，且味道深远。

▷ **材料**（4人份）

派面团（20 cm四方形）……1/2片
苹果……1/4个
砂糖……30 g
肉桂……适量
鲜奶油……适量

【梅子果酱】
梅酒的青梅……4个
砂糖……10 g
水……100 mL

【牛奶蛋糊奶油】
牛奶、鲜奶油……各100 mL
砂糖……30 g
蛋黄……4个
小麦粉……15 g
梅酒（白兰地基酒）……10 mL

▷ **制作方法**

1.制作牛奶蛋糊奶油。将小麦粉过两次筛。锅中加入一半量的砂糖，倒入牛奶以后点火，煮至快要沸腾时，关火，散去余热。
2.将剩余的砂糖加入到蛋黄中充分搅拌后，将1一点点加入并不停搅拌。
3.将2整体放入锅中，加入小麦粉，一边隔水加热一边搅拌。
4.散去余热以后，再加入鲜奶油混合。
5.加入梅酒以后继续混合。
6.将苹果切成薄片，与砂糖一起，浸泡在刚好没顶的水中熬煮。待余热散去以后，撒上肉桂。
7.将派面团放在常温环境下，切成3等份。之后放入烤箱以180℃烘烤至色泽金黄。
8.将梅酒的青梅中的核取出，切碎后放入食品加工机中进一步打成糊状。
9.将8和砂糖一起放入锅中，加入刚好没顶的水，以小火熬煮。
10.以派、6的苹果、9的梅子果酱、派、牛奶蛋糊奶油的顺序叠加。

食谱

08

番外篇

香甜清爽的梅酒扩散至全身

在梅酒果子冻上
盖上梅酒奶油

奶油打发至6分即可，将黏糊糊的
奶油盖在果子冻上。

▷ **材料**（4人份）

梅酒（白干儿基酒）……30 mL
鲜奶油（乳脂肪含量35%）……50 mL
砂糖……15 g
明胶粉……5 g
梅酒的青梅……2个
梅子果酱……1大勺
（※制作方法参考198页步骤9）

▷ **制作方法**

1. 将明胶粉放入10 mL的冷水中泡发。
2. 将200 mL清水和梅酒一起倒入锅中，开中火加热，煮至温热以后加入1的明胶，之后转小火加热至明胶完全溶解。关火等待余热散去。
3. 将2倒入玻璃杯中，加入梅酒的青梅后放入冰箱中冷藏加固。
4. 将鲜奶油和砂糖倒入碗中，打发至6分，再轻轻混入梅子果酱。
5. 在凝固的果子冻上盖上奶油。

食谱

09

番外篇

迷恋白兰地梅酒的芳醇

吸收了梅酒香味的
无花果冰激凌

无花果干在浸泡过白兰地梅酒之后吸收了梅酒的香气和风味。

▷ **材料**（4人份）

香草冰激凌……400 g
无花果干（柔软型）……35 g
梅酒（白兰地基酒）……适量
威化饼干……适量

▷ **制作方法**

1. 将无花果干对半切开，之后切成细丝。
2. 将1倒入碗中，加入正好完全将其浸泡的梅酒，放置半日。
3. 将无花果的水分沥干，与香草冰激凌混合。
4. 盛入容器中，摆上威化饼干。

UMESHU NO KISOCHISHIKI

© EI Publishing Co.,Ltd. 2011

Originally published in Japan in 2010 by EI Publishing Co.,Ltd.
Chinese (Simplified Character only) translation rights arranged with
EI Publishing Co.,Ltd. through TOHAN CORPORATION, TOKYO.

图书在版编目（CIP）数据

梅酒的基础知识 / 日本株式会社枻出版社编；徐蓉
译. — 北京：北京美术摄影出版社，2020.12
　　ISBN 978-7-5592-0383-0

　　Ⅰ. ①梅… Ⅱ. ①日… ②徐… Ⅲ. ①果酒—基本知
识 Ⅳ. ①TS262.7

中国版本图书馆CIP数据核字 (2020) 第166775号

北京市版权局著作权合同登记号：01-2018-1949

责任编辑：耿苏萌
助理编辑：于浩洋
责任印制：彭军芳

梅酒的基础知识
MEIJIU DE JICHU ZHISHI

日本株式会社枻出版社　编
徐　蓉　译

出　版　北 京 出 版 集 团
　　　　北京美术摄影出版社
地　址　北京北三环中路6号
邮　编　100120
网　址　www.bph.com.cn
总发行　北京出版集团
发　行　京版北美（北京）文化艺术传媒有限公司
经　销　新华书店
印　刷　天津图文方嘉印刷有限公司
版印次　2020 年 12 月第 1 版第 1 次印刷
开　本　880 毫米 × 1230 毫米　1/32
印　张　6.25
字　数　188 千字
书　号　ISBN 978-7-5592-0383-0
审图号　GS（2020）3495 号
定　价　79.00 元

如有印装质量问题，由本社负责调换
质量监督电话　010-58572393